Telefonieren

Professionelle Gesprächstechniken

Holger Backwinkel und Peter Sturtz

2. Auflage

Bibliografische Information der Deutschen Bibliothek
Die Deutsche Bibliothek verzeichnet diese Publikation in der Deutschen Nationalbib-
liografie; detaillierte bibliografische Daten sind im Internet über http://dnb.ddb.de
abrufbar.

ISBN: 978-3-448-07453-6
Bestell-Nr. 00748-0002

1. Auflage 2003 (ISBN 3-448-05553-0)
2., überarbeitete Auflage 2009

© 2009, Rudolf Haufe Verlag GmbH & Co. KG, Niederlassung Planegg/München
Postanschrift: Postfach, 82142 Planegg
Hausanschrift: Fraunhoferstraße 5, 82152 Planegg
Fon: (0 89) 8 95 17-0, Fax: (0 89) 8 95 17-2 50
E-Mail: online@haufe.de
Internet www.haufe.de
Redaktion: Jürgen Fischer
Readaktionsassistenz: Christine Rüber

Gesamtbetreuung: Sylvia Rein, 81379 München
Desktop-Publishing: Agentur: Satz & Zeichen, Karin Lochmann, 83129 Höslwang
Umschlaggestaltung: Kienle gestaltet, 70182 Stuttgart
Umschlagentwurf: Agentur Buttgereit & Heidenreich, 45721 Haltern am See
Druck: freiburger graphische betriebe, 79121 Freiburg

Zur Herstellung der Bücher wird nur alterungsbeständiges Papier verwendet.

TaschenGuides – alles, was Sie wissen müssen

Für alle, die wenig Zeit haben und erfahren wollen, worauf es ankommt. Für Einsteiger und für Profis, die ihre Kenntnisse rasch auffrischen wollen:

- Sie sparen Zeit und können das Wissen effizient umsetzen.
- Kompetente Autoren erklären jedes Thema aktuell, leicht verständlich und praxisnah.
- In der Gliederung finden Sie die wichtigsten Fragen und Probleme aus der Praxis.
- Das übersichtliche Layout ermöglicht es Ihnen, sich rasch zu orientieren.
- Schritt für Schritt-Anleitungen, Checklisten, Beispiele und hilfreiche Tipps bieten Ihnen das nötige Werkzeug für Ihre Arbeit.
- Als Schnelleinstieg in ein Thema ist der TaschenGuide die geeignete Arbeitsbasis für Gruppen in Organisationen und Betrieben.

Ihre Meinung interessiert uns! Mailen Sie einfach unter online@haufe.de an die TaschenGuide-Redaktion. Wir freuen uns auf Ihre Anregungen.

Inhalt

Vorwort

„Telefonieren kann doch jeder!" Diesen Satz hören wir häufig. Die Praxis belegt etwas anderes: unzufriedene Gesprächspartner, verärgerte und enttäuschte Kunden, viele offene Fragen nach einem Gespräch, unnötige Rückrufe…

Jedes Telefonat ist ein Kontakt mit Interessenten oder Kunden. Selbst, wenn Sie mit Kollegen oder Vorgesetzten telefonieren! Denn stets geht es um den Eindruck, den Sie hinterlassen. Und von diesem Eindruck hängen oft Art, Dauer, Qualität und - bei Kunden und Geschäftspartnern - letztlich auch der finanzielle Erfolg der Beziehung ab. Die telefonische Kommunikation schafft Vertrauen. Damit ist das Telefon ein ideales Instrument zur Kundengewinnung und -bindung. Aber nicht nur das: Professionelles Telefonieren verschafft Ihnen tagtäglich bei einer Ihrer häufigsten Tätigkeiten Erfolgserlebnisse - und damit mehr Erfolg und Zufriedenheit im Beruf! Auch, indem Sie mit Kollegen und Vorgesetzten reibungsloser und effizienter zusammenarbeiten.

Mit den hier vorgestellten Techniken und Werkzeugen können Sie Ihren persönlichen Marktauftritt am Telefon optimieren. Wenn Sie diese Techniken anwenden, werden sich Ihre Beziehungen zu Kunden, Geschäftspartnern, Kollegen und Vorgesetzten deutlich verbessern. Wir wünschen Ihnen bei der Umsetzung viel Erfolg.

Holger Backwinkel und Peter Sturtz

Besser telefonieren – warum eigentlich?

Telefongespräche sind die häufigsten Geschäftskontakte überhaupt - und deshalb ist es so wichtig, dass sie erfolgreich verlaufen. Lesen Sie, wie Sie sich selbst in Ihrem Telefonverhalten einschätzen und was Sie durch professionelles Telefonieren gewinnen können.

Testen Sie Ihre Telefonkompetenz!

Auf was kommt es beim Telefonieren eigentlich an? Und wie verhalten Sie sich am Telefon? Ihre Kompetenz am Telefon können Sie mit den folgenden Fragen testen. Antworten Sie bitte spontan und ehrlich, damit Sie ein realistisches Ergebnis erhalten. Fünf Antwortmöglichkeiten stehen Ihnen dafür zur Verfügung:

A = die Aussage trifft für alle Telefonate zu
B = die Aussage trifft für die meisten Telefonate zu
C = die Aussage trifft oft zu
D = die Aussage trifft selten zu
E = die Aussage trifft nicht für meine Telefonate zu

Tragen Sie den entsprechenden Buchstaben in die mittlere Spalte ein. In der Auswertung auf S. 11 sagen wir Ihnen die korrespondierenden Punktzahlen, die Sie in die letzte Spalte eintragen und anschließend addieren.

1	Beschäftigen Sie sich beim Telefonieren zwischendurch mit anderen Dingen?	E	4
2	Kommunizieren Sie während des Telefonats mit anderen, etwa durch Gestik oder Mimik?	E	4
3	Neigen Sie dazu, Ihren Gesprächspartner zu unterbrechen?	E	4
4	Sprechen Sie Ihren Gesprächspartner während des Telefonats mit seinem Namen an?	B	0

5	Verwenden Sie bei negativen Auskünften Formulierungen wie „leider", „tut mir leid" oder „bedauerlicherweise"?	E	4
6	Verwenden Sie in Ihren Gesprächen hauptsächlich Feststellungen, Aussagesätze und Aufforderungen?	E	4
7	Weichen Sie in bestimmten Situationen von Ihrem normalen Ton ab, z.B. bei Unterstellungen und unzutreffenden Behauptungen, wenn Sie kritisiert werden oder wenn Kunden reklamieren?	E	4
8	Reagieren Sie schnell verärgert?	E	4
9	Gelingt es Ihnen, bei Meinungsverschiedenheiten Sachliches und Persönliches auseinander zu halten?	E	0
10	Finden Sie schnell das Anliegen eines Anrufers heraus?	E	0
11	Verwenden Sie folgende Fragen: „Worum handelt es sich denn?", „Um was geht es genau?", „In welcher Angelegenheit rufen Sie an?"	E	0
12	Klären Sie während eines längeren Telefonats, ob Ihr Gesprächspartner Sie richtig verstanden hat?	E	0
13	Dauern Ihre Gespräche Ihrer Meinung nach oft zu lange?	E	4
14	Lächeln Sie, bevor Sie den Hörer abnehmen?	E	0

15 Fallen Ihnen in jeder Situation positive Formu- lierungen ein?	E	0
16 Hören Ihre Gesprächspartner interessiert zu?	E	0
17 Fragt Ihr Gesprächspartner oft nach oder ver- steht Sie falsch, weil Sie zu leise oder zu schnell sprechen?	E	4
18 Sprechen Sie auch in schwierigen Gesprächs- situationen oder bei Reklamationen in einem ruhigen Ton?	E	0
19 Benutzen Sie das gültige Buchstabier- Alphabet?	A	0
20 Können Sie Gespräche dann beenden, wenn Sie es möchten?	E	0
21 Beraten Sie auch den 17. Anrufer am Tag freundlich und gelassen?	E	0
22 Beantworten Sie Fragen eines Gesprächspart- ners häufig mit „mmmmh"?	E	4
23 Bedanken Sie sich am Ende des Gespräches für den Anruf?	E	0
24 Verwenden Sie kurze Wörter wie „ja", „aha", während Ihr Gesprächspartner spricht?	E	0
25 Heben Sie manchmal die Stimme, werden lauter und leiser, schneller und langsamer?	E	0
26 Halten Sie Versprechen, die Sie am Telefon geben?	E	0
Gesamtpunktzahl		

Auswertung des Tests

Bei den Fragen 4, 9, 10, 11, 12, 14, 15, 16, 18, 19, 20, 21, 23, 24, 25 und 26 geben Sie sich

- für A 4 Punkte,
- für B 3 Punkte ,
- für C 2 Punkte,
- für D 1 Punkt und
- für E 0 Punkte.

Bei den Fragen 1, 2, 3, 5, 6, 7, 8, 13, 17 und 22 geben Sie sich

- für A 0 Punkte,
- für B 1 Punkt,
- für C 2 Punkte,
- für D 3 Punkte und
- für die E 4 Punkte.

Was bedeutet Ihr Ergebnis?

104 – 90 Punkte
Gratulation! Sie haben außergewöhnliche Fähigkeiten zum kunden- und zielorientierten Telefonieren.

89 – 75 Punkte
Ihre Telefonkompetenz ist gut ausgeprägt. Es gibt allerdings einige typische Bereiche, in denen Sie sich verbessern können. Es fehlt nur wenig zum Telefonprofi!

74 – 65 Punkte
Ihr Gesprächsverhalten ist verbesserungsfähig. Dieses kleine Trainingsprogramm hilft Ihnen dabei, Ihre Stärken auszubauen und den Gesamteindruck am Telefon zu verbessern.

64 – 45 Punkte
Ihre Fähigkeit zum kundenorientierten Telefonieren ist zur Zeit nur durchschnittlich. Es gibt in unterschiedlichen Bereichen Einschränkungen. Die Tipps und Anregungen in diesem TaschenGuide helfen Ihnen, Ihre Schwächen herauszufinden und gezielt anzugehen.

44 – 30 Punkte
Sie haben im Umgang mit Anrufern zahlreiche Unsicherheiten. Lesen Sie den TaschenGuide aufmerksam und legen Sie die Checklisten neben das Telefon!

29 – 0 Punkte
Das Telefon ist nicht Ihr beliebtestes Handwerkszeug. Sie sollten die Lektüre des TaschenGuides durch ein Telefon-Seminar oder Coaching ergänzen und so Ihre Fähigkeiten deutlich ausbauen. Weitere Informationen dazu finden Sie unter www.professionell-telefonieren.de.

Das sind die Ziele

Neben den sachlichen Zielen kommt es bei den meisten Telefonaten entscheidend darauf an, Beziehungen zu Kunden, Geschäftspartnern, Kollegen und Vorgesetzten zu pflegen. Dabei geht es häufig um den Aufbau einer langfristigen und tragfähigen Geschäfts- oder Arbeitsbeziehung. Welche Kriterien müssen erfüllt sein, damit uns dies in unseren Telefongesprächen gelingt?

Positiv beeindrucken

Ein Telefongespräch verläuft in der Regel zur Zufriedenheit beider Gesprächsteilnehmer, wenn folgende Bedingungen erfüllt sind:

- Sie vermitteln dem Gesprächspartner einen positiven ersten Eindruck.

- Sie finden schnell heraus, was Ihr Gesprächspartner möchte und mit welchem Angebot er zufrieden ist.

- Sie haben eine Lösung für sein Anliegen - oder Sie entwickeln in einem angemessenen Zeitraum einen Vorschlag.

- Durch Ihre Gesprächsführung erreichen Sie, dass Ihr Gesprächspartner das Telefonat mit einem positiven Gefühl beendet und denkt: „Das war wirklich professionell!"

Welche Vorteile bietet professionelles Telefonieren?

Ob im Büroalltag, im Vertrieb, Verkauf oder in der Kundenbetreuung – professionelles Telefonieren bringt jedem Vorteile:

- Sie schaffen Vertrauen und bauen eine gute Beziehung mit dem Telefonpartner auf - die Grundlage für Art, Dauer und Erfolg der weiteren Geschäftsbeziehung.

- Sie fördern Ihren eigenen und den Erfolg Ihres Unternehmens, indem Sie die Kundenzufriedenheit steigern, neue Kunden gewinnen und zu deren Bindung ans Unternehmen beitragen.

- Sie fördern Ihr Ansehen und Ihre Wertschätzung im Unternehmen, indem Sie effizient und freundlich mit Kollegen und Vorgesetzten kommunizieren.

- Sie knüpfen und erweitern Ihr Beziehungsnetz innerhalb und außerhalb des Unternehmens.

- Sie sparen Zeit und Geld, weil Ihre Telefongespräche effektiver und kürzer werden.

- Sie bereichern Ihr Leben, indem Sie interessante Gespräche führen und andere Menschen für sich gewinnen. Für viele ist das Telefon das wichtigste Instrument, um im Beruf mit anderen in Kontakt zu treten.

Zeit und Geld sparen

Der professionelle Einsatz des Telefons hilft, Zeit und Geld zu sparen. Die Kombination von Fax, E-Mails und Briefen mit Telefonaten ersetzt häufig persönliche Kontakte, die zeitaufwändig und kostenintensiv sind. Nach persönlichen Kontakten oder bei lange bestehenden Geschäftsbeziehungen ermöglicht das Telefon eine effiziente Zusammenarbeit.

Die Dauer des Gesprächs kontrollieren

Kurze Telefonate sind in der Regel effektiver. Hilfreich zur Kontrolle der Gesprächszeit ist es, wenn die Dauer des Gesprächs am Display des Telefons erscheint (das lässt sich häufig so programmieren).

Ein normales Telefonat sollte maximal vier bis sechs Minuten dauern.

Die häufigsten Ursachen für zu lange Gespräche sind:

- kein klares Ziel,
- fehlende Gesprächsführung,
- unsystematische Vorgehensweise,
- unnötige Wiederholungen,
- Missverständnisse,
- Ergebnisse werden nicht zusammengefasst.

Was Sie vor dem Gespräch tun können

- Vermeiden Sie spontane Anrufe. Überlegen Sie stattdessen: Muss der Anruf überhaupt sein? Ist die Wahrscheinlichkeit, jemanden zu erreichen, tatsächlich gegeben?
- Versenden Sie lieber eine Mail, einen Brief oder ein Fax, bevor Sie ein langes Telefonat über eine weite Entfernung führen. Besonders bei Bestellungen ist die Schriftform nicht nur kostengünstiger, sondern auch sinnvoller. Übertragungsfehler und Missverständnisse, die am Telefon leicht passieren, wenn es um Zahlen geht, werden so in den meisten Fällen vermieden.
- Wählen Sie immer sofort die Durchwahl Ihres Gesprächspartners. Die Vermittlung über eine Zentrale und die damit verbundene Wartezeit kosten bares Geld.

Wie Sie während des Gesprächs Zeit sparen

- Fassen Sie sich kurz. Konzentrieren Sie sich auf die wesentlichen Inhalte und vor allem auf Ihre strategischen Ziele.

- Wenn Sie das Gefühl haben, dass Sie in einem Gespräch nicht weiter kommen, vereinbaren Sie einen Rückruf. Sie haben dann Zeit, eine Argumentation vorzubereiten und weitere Unterlagen zu sichten. Achten Sie auf eine ziel-orientierte Formulierung, um den Rückruf positiv zu „ver-kaufen": „Ich kläre das und rufe Sie in der nächsten hal-ben Stunde zurück. Unter welcher Nummer kann ich Sie erreichen?"

Wie Sie mit guter Technik Geld sparen

- Wählen Sie sowohl bei Ihrem Handy als auch bei Ihrem Festnetzanschluss einen Telefontarif, der Ihrem Telefon-verhalten angemessen ist. Viele Menschen schrecken vor höheren Grundgebühren zurück und nehmen dafür lieber kostspielige Minutenpreise in Kauf. Diese Rechnung geht oft nicht auf. Die meisten Telefonanbieter bieten einen kostenlosen Beratungsservice oder einen elektronischen Tarif-Check. Nutzen Sie diese Chance!

- Häufig bieten im Festnetz andere Telefondienstleister als der eigene Netzbetreiber viel günstigere Gesprächsge-bühren in die Handynetze, in Fern-, Europa- oder Weltzo-nen und neuerdings auch in das Ortsnetz. Am preiswer-testen telefonieren Sie, wenn Sie einen günstigen Tele-fontarif mit hohen Minutenpreisen wählen und die Ge-spräche dann über einen anderen Anbieter führen. Sie müssen dann vor jedem Telefonat eine Netzbetreibernum-mer vorwählen. Diese Nummern haben die Form 0 10 XX. Im Internet oder in Tageszeitungen finden Sie immer wieder aktuelle Tabellen über die Minutenpreise der einzelnen Anbieter.

- Im Festnetz und mittlerweile auch beim Handy gibt es immer mehr „Flatrates". Damit können Sie für einen Festbetrag so viel und so lange telefonieren, wie Sie wollen. Außerdem gewinnt das Telefonieren über Internet, das sog. VoIP (Voice over Internet Protocol) zunehmend an Bedeutung. Bleiben Sie hier also unbedingt am Ball.

Welche Erfolgsfaktoren gibt es?

Der Anthropologe Albert Merabian fand in einer wissenschaftlichen Untersuchung heraus, welche Erfolgsfaktoren in der menschlichen Kommunikation entscheidend sind. Dabei untersuchte er zwei typische Bereiche:

1 das persönliche Gespräch
2 das Telefonat

Bei den persönlichen Gesprächen fand er drei entscheidende Erfolgsfaktoren: Fachwissen, Körpersprache, Stimme und Sprechtechnik.

Schätzen Sie zunächst einmal, welchen Anteil diese Faktoren am Erfolg der Kommunikation haben:

- Fachwissen __20__ %
- Körpersprache __40__ %
- Stimme und Sprechtechnik __40__ %

Das überraschende Ergebnis lautet:

- Fachwissen 7 %
- Körpersprache 55 %
- Stimme und Sprechtechnik 38 %

Wie ist dieses Ergebnis zu interpretieren? Es bedeutet sicherlich nicht, dass die fachliche Qualifikation in der persönlichen Kommunikation unwichtig ist. Sie wird vielmehr vorausgesetzt.

Entscheidend ist, wie wir kommunizieren

Entscheidender ist die Art und Weise, wie kommuniziert wird. Daher bewertet der Gesprächspartner in erster Linie das Auftreten und die Art und Weise, wie die fachlichen Informationen "verpackt" werden.

Beispiel
Sie kennen diesen Effekt wahrscheinlich aus dem Urlaub oder von sonstigen Auslandsreisen, bei denen Sie die Landessprache nicht verstehen konnten: Wenn Sie dort auf der Straße, auf einem Basar oder am Strand einem Einheimischen begegnen, der Sie anspricht und einen kleinen Wortschwall auf Sie loslässt, von dem Sie natürlich kein Wort verstehen, können Sie trotzdem innerhalb von Sekunden entscheiden, ob Sie den Menschen sympathisch finden oder nicht. Stimme und Körpersprache reichen völlig aus.

Am Telefon kommunizieren wir anders

Am Telefon sieht die Statistik etwas anders aus. Das Ergebnis: Das Fachwissen wird etwas wichtiger, die entscheidenden Erfolgsfaktoren sind Stimme und Sprechtechnik. Die Körpersprache ist ja am Telefon nicht sichtbar, macht sich aber in der Stimme bemerkbar und fällt damit in diesen Bereich. Detailliert sieht das Ergebnis so aus:

- Fachwissen 13 %
- Stimme und Sprechtechnik 87 %

Was bedeutet dieses Ergebnis für die Vorbereitung, Durchführung und Nachbereitung von wichtigen Telefonaten? Entscheidend ist die Art und Weise der Kommunikation. Das Wegfallen des - im persönlichen Kontakt - wichtigsten Kommunikationsmittels Körpersprache sowie Defizite im fachlichen Bereich können und müssen durch professionelle Gesprächsführung, Stimme und Sprechtechnik kompensiert werden.

> ▪ Entscheidend für Erfolg und Misserfolg eines Telefongesprächs ist es also, wie die Inhalte am Telefon „verkauft" werden. ▪

Also gilt es, an dem „wie" intensiv zu arbeiten. Im folgenden erfahren Sie, mit welchen Techniken und Strategien Sie dies am effektivsten erreichen.

Wie steht es mit Ihrer Stimme?

Hand aufs Herz: Wann haben Sie zuletzt etwas für Ihre Stimme getan? Haben Sie überhaupt jemals Ihre Stimme und Ihre Sprechtechnik trainiert? In unseren Seminaren machen wir in der Regel die Erfahrung, dass dieser Bereich fast immer zu kurz kommt.

Sie alle haben es schon einmal erlebt, dass Sie sich aufgrund der Stimme eines Anrufers ein Bild gemacht haben. Häufig sind Sie dann – meistens negativ – überrascht, wenn Sie der Person im täglichen Leben persönlich begegnen. Daher wird bei der Auswahl von Telefonisten und Telefonistinnen in erster Linie auf die Stimme geachtet. Und die Statistik zeigt, dass diese Vorgehensweise völlig richtig ist.

> • *Wenn Sie Mitarbeiter für den telefonischen Kundenkontakt auswählen, sollten Sie in der Regel eine telefonische Bewerbung bevorzugen. Entscheiden Sie dabei „aus dem Bauch", wie diese Stimme am Telefon auf Sie wirkt. Denn das werden Ihre Kunden und Geschäftspartner auch tun.* •

Eine dunkle und tiefe Stimme wirkt am Telefon kompetenter, allerdings nur, wenn sie mit einer abwechslungsreichen Sprechmelodie kombiniert ist. Jeder kann seine Stimme trainieren und verändern, indem er den gesamten Resonanzraum nutzt sowie Modulation und Sprechmelodie übt (siehe Kapitel „Sprechtechnik, Stimme und Stimmung, S. 47).

Glaubwürdig auftreten und Vertrauen schaffen

Neben der Stimme spielen weitere Faktoren eine entscheidende Rolle, wenn wir in unseren Gesprächen Beziehungen aufbauen und pflegen wollen. Wir schaffen Vertrauen, indem wir glaubwürdig, zuverlässig und kompetent auftreten. Was wir am Telefon sagen, sollte überprüfbar und verbindlich sein. Und wir müssen dem Gesprächspartner aktiv zu verstehen geben, dass wir an ihm interessiert sind, ihn schätzen und ihn – trotz eigener Interessen – nicht „über den Tisch ziehen" möchten. Die drei Faktoren, auf die es dabei besonders ankommt, sind:

1 die Fähigkeit, aktiv zuzuhören,

2 die rhetorische Kompetenz und

3 die innere Einstellung.

Aktiv zuhören

Im persönlichen Gespräch erkennen wir an der Körpersprache und dem Blickkontakt unseres Gesprächspartners, ob er konzentriert zuhört. Diese Möglichkeit entfällt am Telefon. Daher ist es wichtig, aktiv zuzuhören. Aktiv deshalb, weil wir dem Telefonpartner akustisch verdeutlichen müssen, dass wir zuhören und interessiert sind.

Die Rhetorik macht's

Zur Rhetorik am Telefon zählt vor allem eine verständliche, überzeugende und zuhörerorientierte Ausdrucksweise. Dazu gehören kurze und einfache Sätze. Dies wird durch die neuesten Ergebnisse der modernen Gehirnforschung belegt: Menschen speichern nur etwa 15 Prozent der Informationen, die sie ausschließlich hören. Daher ist es entscheidend, sich einfach und so einprägsam wie möglich auszudrücken.

Die innere Einstellung ist entscheidend

Die mentale Fitness ist nicht nur im Sport ein wichtiger Erfolgsfaktor. Die positive innere Einstellung ist auch am Telefon ein ganz entscheidender Aspekt. Führen Sie Ihre Gespräche konzentriert, zielorientiert – und glauben Sie an Ihre Fähigkeiten und den Erfolg des Gesprächs. Wir verraten Ihnen später, wie Sie auch in schwierigen Situationen und im Kontakt mit „unangenehmen Zeitgenossen" einen kühlen Kopf bewahren.

Moderne Technik einsetzen

Erfolgreiche Telefonate verlangen optimale technische Voraussetzungen. In den letzten Jahren haben sich Headsets immer mehr durchgesetzt. Für viele hat dieses Arbeitsinstrument allerdings immer noch ein schlechtes Image. Aus unserer Sicht ist dies ein unberechtigtes Vorurteil, denn Headsets bieten zahlreiche Vorteile:

- Sie haben beide Hände frei, um sich Notizen zu machen oder parallel zum Telefonat Ihren PC zu bedienen.

- Da Sie den Hörer nicht mehr zwischen Schulter und Ohr einklemmen, wird ihr Rücken geschont und Verspannungen im Halsbereich vorgebeugt. Das wirkt sich auch in einer angenehmeren, entspannteren Stimme aus.

- Ein modernes Headset überträgt Ihre Stimme optimal und erhöht dadurch die Verständlichkeit.

- Da Sie das Headset individuell auf Ihren Bedarf einstellen können, werden Nebengeräusche reduziert und Sie können sich voll und ganz auf das Gespräch konzentrieren.

Rhetorik am Telefon

Sie denken, dass man beim Telefonieren einfach nur spricht und zuhört? Sie irren: Gerade am Telefon, ohne Blickkontakt mit dem Gesprächspartner, sind rhetorische Fähigkeiten notwendig. Damit Sie klar und überzeugend kommunizieren und Ihre Ziele erreichen.

Positiv formulieren und überzeugend argumentieren

Wirkungsvolle und erfolgreiche Kommunikation ist ein komplexer Vorgang, der von vielen Faktoren abhängt. Der wichtigste Aspekt ist die Tatsache, dass nicht *wir* über den Erfolg unseres Sprechens entscheiden, sondern unsere Gesprächspartner. Auf eine prägnante Formel gebracht: „Entscheidend ist, was beim anderen ankommt!"

Mit positiven Formulierungen gewinnen

Deshalb sollten professionelle Aussagen am Telefon klar, einfach, verständlich, eindeutig und positiv sein. In der Praxis sieht dies häufig anders aus - hier einige Beispiele:

- „Das klappt heute nicht mehr."

- „Das weiß ich nicht."

- „Dazu kann ich Ihnen auch nichts sagen."

- „Ich habe die Unterlagen leider nicht zur Hand."

- „Das ist doch nicht meine Schuld."

- „Dafür kann ich doch nichts."

- „Das habe ich Ihnen doch eben schon erklärt."

- „Da haben Sie mich falsch verstanden."

- „Stellen Sie sich doch nicht so an."

- „Wie gesagt, ..."

- „So schlimm ist es nun auch wieder nicht."

Die Liste könnten wir über mehrere Seiten fortsetzen. Es handelt sich um Formulierungen, die wir in Testanrufen und im arbeitsplatzbegleitenden Coaching gehört haben. Wenn wir die Mitarbeiter auf diese negativen und teilweise aggressiven Formulierungen hinweisen, sind sie sich häufig gar nicht darüber im Klaren, was sie damit beim Anrufer „anrichten": nämlich alles andere, als ihn zu überzeugen!

Achtung und Wertschätzung für den Gesprächspartner

Auf den Anrufer wirken positive Formulierungen wesentlich angenehmer. Sie signalisieren, dass Sie ihn achten und schätzen und Sie schaffen so eine vertrauensvolle Beziehung. Dies erfordert Konzentration und Sensibilität für die eigene Sprache. Folgende typische positive Formulierungen lassen sich situationsgemäß einsetzen. Sie sollten sie allerdings an Ihren Sprachgebrauch anpassen. Denn die Formulierungen werden nur glaubwürdig wirken, wenn sie Ihnen leicht über die Lippen gehen.

- „Ich kümmere mich jetzt gleich persönlich darum."
- „Das erledige ich gerne für Sie, Herr Schmidt."
- „Sie können sich voll und ganz auf mich verlassen."
- „Bitte entschuldigen Sie."
- „Danke, dass Sie gewartet haben."
- „Schön, dass ich Sie persönlich erreiche."
- „Spätestens am Donnerstag haben Sie die Unterlagen in Ihrer Post."
- „Da haben Sie Recht."

- „Vielen Dank, dass Sie mich darauf hingewiesen haben."

- „Schön, dass wir eine gemeinsame Lösung gefunden haben."

> - *Mit diesen positiven Formulierungen machen Sie einen entschlossenen, zuverlässigen und vertrauenswürdigen Eindruck.*

Die Kraft von „Zauberwörtern"

Typische „Zauberwörter" sind positive Begriffe, die eine gute Gesprächsatmosphäre schaffen und dabei helfen, eine Beziehung zum Gesprächspartner herzustellen. Hier einige Beispiele:

- Vorteil
- Sparen
- Gemeinsam
- Lösung
- Zuverlässig
- Verbindlich
- Sicherheit
- Preiswert
- Schnell
- Nutzen
- Leistung
- Chance
- Vorschlag
- Interessant

Auch der richtige Name des Gesprächspartners gehört zu den Elementen, die eine gute Beziehung und eine konstruktive Gesprächsatmosphäre schaffen.

Schreiben Sie eine Liste mit positiven Wörtern und Formulierungen, die Sie gerne verwenden. Sorgen Sie dafür, dass Sie diese Übersicht bei wichtigen Telefonaten sehen können. Superlative sollten Sie vermeiden, da diese leicht unglaubwürdig wirken.

Wie negative Formulierungen wirken

Häufig werden am Telefon auch Negationen verwendet. Typisch ist die Formulierung „Kein Problem!" Die Gehirnforschung hat herausgefunden, dass unser Gehirn zum Verarbeiten von negativen Formulierungen zwei Schritte braucht. Bei dem Satz: „Denken Sie bitte nicht an einen kleinen rosa Elefanten!", denken Sie automatisch zunächst an den Elefanten. Im zweiten Schritt erst denken Sie sich den Elefanten wieder weg. Wenn also jemand zu Ihnen sagt: „Kein Problem!", denken Sie zunächst an das Problem.

Eine doppelte Verneinung muss das Gehirn verarbeiten und in eine positive Nachricht umwandeln. Ein Beispiel aus dem Alltag verdeutlicht diesen Aspekt: Es ist ein Unterschied, ob Sie Ihrem Partner sagen: „Du siehst heute ja gar nicht so schlecht aus!" oder ob Sie Ihr Kompliment positiv formulieren: „Schatz, Du siehst heute wirklich blendend aus!" Die zweite Formulierung mit einer glaubwürdigen Stimme und einer angemessenen Körpersprache wirkt positiver und erzielt eine deutlich bessere Reaktion. Probieren Sie es aus!

Auch Negatives positiv formulieren

Die Psychologie des Gelingens ist vor allem durch positive Formulierungen gekennzeichnet. Auch negative Sachverhalte lassen sich positiv ausdrücken. Das berühmte Beispiel zeigt es: Ein Glas kann halb leer sein, aber auch halb voll. Es kommt auf die Perspektive an. So unterscheiden Sie sich von vielen Menschen, die am Telefon vorwiegend negative Sachverhalte in den Vordergrund stellen. Hier einige Beispiele:

Sagen Sie nicht:	sondern:
„Ich habe die Unterlagen nicht zur Hand."	„Ich hole mir schnell die Unterlagen dazu."
„Dafür bin ich nicht zuständig."	„Experte für diese Frage ist Herr/Frau [Name]. Ich verbinde Sie sofort. Einen Augenblick bitte."
„Heute klappt es leider nicht mehr."	„Ich werde das gleich Anfang nächster Woche für Sie erledigen."
„Sie haben mich nicht richtig verstanden."	„Da habe ich mich missverständlich ausgedrückt."
„Ich habe für dieses Produkt allerdings lange Lieferzeiten."	„Es besteht für dieses Produkt zur Zeit eine unerwartet starke Nachfrage."

Je intensiver Sie die Fähigkeit trainieren, positiv zu formulieren, um so überzeugender werden Sie wirken. Entscheidend ist Ihre innere Einstellung: Wenn Sie jedes Telefonat als Chance sehen, werden Sie entsprechend handeln. Ist das Telefon für Sie eher ein Zeitfresser und jeder Anrufer ein Störfaktor, nutzt wahrscheinlich auch die beste Formulierung nichts. Denn Ihre mentale Einstellung steuert Ihr Denken - und damit auch Ihre Argumentation.

Bildhaft sprechen

Eine besonders gute Wirkung lässt sich durch bildhaftes Sprechen erzielen, sodass sich der Gesprächspartner wichtige Details vorstellen kann. Vergleichen Sie die Wirkung:

1 „Das ist genau richtig."

2 „Da haben Sie voll ins Schwarze getroffen."

Der zweite Satz arbeitet mit bildhafter Sprache, einer kleinen Metapher. Durch diese Technik lassen sich zwei Fliegen mit einer Klappe schlagen:

- Der Gesprächspartner versteht, was Sie sagen und kann es sich leichter merken. Denn eine bildhafte Sprache ist eingängiger - und die Fähigkeiten unseres Gehirns werden optimal genutzt.

- Der Gesprächspartner fühlt sich verstanden und es macht ihm Spaß, mit Ihnen zu sprechen.

Ist Ihnen aufgefallen, dass sich im letzten Absatz über dieser Aufzählung das nächste Beispiel bildhafter Sprache versteckt?

1 Sie haben doppelten Nutzen.

2 Sie schlagen zwei Fliegen mit einer Klappe.

Ein weiteres Beispiel:

1 Sie reden über viele Details, die das zentrale Thema zwar tangieren, es aber nicht wirklich treffen.

2 Sie reden „um den heißen Brei" herum.

- *Trainieren Sie die Fähigkeit, in Bildern zu sprechen, indem Sie mit der Formulierung einsteigen „Stellen Sie sich folgendes vor..." und finden Sie dann ein Beispiel für das, was Sie sagen wollen. Beispiele stellen komplexe Zusammenhänge quasi bildhaft dar.* ∎

„Entrümpeln" Sie Ihre Sprache

Füllwörter vermeiden

In unserer Trainings- und Coachingarbeit erkennen wir eine zunehmende Tendenz, Füllwörter, Konjunktive, Floskeln und Umschreibungen zu verwenden. Einige typische Beispiele:

- „Eigentlich sollten Sie ..."
- „Vielleicht möchten Sie ..."
- „Man könnte ..."
- „Ich an Ihrer Stelle würde ..."
- „Sie müssen zunächst ..."
- „Ich glaube, dass ..."

Das Wort „eigentlich" ist eines der beliebtesten Füllwörter. Es schränkt die Überzeugungskraft der Argumente ein. Wenn Ihr Partner zu Ihnen sagt: „Eigentlich habe ich Dich ziemlich lieb!", hören Sie in diesem Satz sicherlich kein Kompliment, sondern ein großes „aber ..."! Auch mit anderen Füllwörtern wie „vielleicht", „würde" oder „könnte" stellen Sie Ihre Aussagen infrage. Mit anderem „Sprachmüll", wie dem Wörtchen „äh", erschweren Sie es dem Gesprächspartner, das Wesentliche Ihrer Aussagen herauszufinden. Eine schlechte Gesprächsatmosphäre, längere Gespräche und Missverständnisse können die Folge sein. Vermeiden Sie daher alle Wörter, die die Klarheit Ihrer Argumentation beeinträchtigen!

In schwierigen Gesprächssituationen werden Ihnen diese Wörter vermutlich trotzdem "rausrutschen". Daher ist es sinnvoll, sich gelegentlich durch die Aufzeichnung von wichtigen Telefonaten selbst zu kontrollieren. Was hilft, Füllwörter zu vermeiden: Konzentrieren Sie sich auf die wesentlichen Inhalte und verwenden Sie kurze und einfache Formulierungen. Dies entlastet das Gehirn und optimiert das Sprechdenken.

Beispiel: Der „Boris-Becker-Effekt"

In frühen Interviews unterbrach Boris Becker seine Rede immer wieder durch typische Füllwörter wie „ääähhh" oder „öööhhmm". Inzwischen hat er an sich gearbeitet und verwendet kurze und einfache Sätze. Die Füllwörter sind fast völlig verschwunden. Nur in schwierigen Gesprächssituationen und unter Stress zeigt sich dieser Effekt immer noch.

Floskeln bringen nichts

Vermeiden Sie in Telefongesprächen typische Floskeln wie:

- „Was kann ich für Sie tun?"
- „Danke, dass Sie mir heute die Möglichkeit geben ..."
- „Wie Sie ja wissen ..."
- „Wie schon gesagt ..."

Diese wirken kraftlos und wenig überzeugend. Wenn viele solcher Floskeln zu Ihrem Sprachgebrauch gehören, schaltet der Gesprächspartner eher ab!

Fachwörter umschreiben

Vermeiden Sie in Ihren Telefonaten so weit wie möglich schwer verständliche Fachbegriffe. Falls sie nicht durch einfache Wörter zu ersetzen sind, sollten Sie die Bedeutung unbedingt erläutern. Nur so vermeiden Sie Missverständnisse. Denn kaum ein Gesprächspartner gibt sich die Blöße, nach der Bedeutung eines Fachbegriffs zu fragen. Die Angst vor einer Blamage ist in der Regel zu groß.

Geschickt argumentieren

Einfache und kurze Sätze

Formulieren Sie Antworten und Argumente möglichst einfach. Streichen Sie Fachbegriffe, Schachtelsätze, komplizierte Ausdrücke und typische Floskeln. Achten Sie insbesondere darauf, dass Dinge, die Ihnen selbstverständlich scheinen, für jemanden, der nicht „vom Fach" ist, eventuell kompliziert sind.

Lassen Sie sich beraten, möglichst von Personen, die keine Experten sind. Sie sehen Ihre Argumentation eher aus der Sicht Ihrer Kunden. Wenn sie Fragen stellen oder einen Aspekt nicht sofort verstehen, ist dies ein deutliches Zeichen dafür, dass Sie Ihre Antworten noch einfacher gestalten müssen. Es ist wichtig, dass jede ihrer Antworten am Telefon für den Gesprächspartner ein klares und schlüssiges Bild ergibt, sich gut und vernünftig anhört und dadurch ein positives Gefühl auslöst.

Hier kommt es auf einzelne Wörter und Formulierungen an. Folgendes Beispiel hat einen Unterschied von über 50 Prozent Erfolgsquote bewirkt.

Beispiel: Der kleine Unterschied
Vorher: Wenn die Firma backwinkel.net die Möglichkeit hätte, bei den Mobilfunkkosten 40 Prozent zu sparen, für wen wäre das interessant?

Nachher: Wenn die Firma backwinkel.net die Möglichkeit hätte, beim Telefonieren mit dem Handy 40 Prozent zu sparen, für wen wäre das interessant?

Nutzenorientierte Argumente

Ihre Argumentation ist dann erfolgreich, wenn Sie das Interesse und die Sichtweise des Gesprächspartners berücksichtigen. Wenn Sie jemanden anrufen, müssen Sie in den ersten 17 Sekunden verdeutlichen, welcher Nutzen und welche Vorteile auf ihn warten, wenn er mit Ihnen spricht. Denn Sie möchten ja sein Interesse wecken und letztlich seine Zustimmung gewinnen. Grundsätzlich sollten Sie deshalb immer nutzenorientiert argumentieren: Verdeutlichen Sie Ihrem Gesprächspartner, dass Ihr Vorschlag seinen Interessen entspricht und er einen Vorteil davon hat, wenn er Ihnen zustimmt.

Diese Kunst der geschickten Argumentation, ohne den anderen „über den Tisch zu ziehen", kann man lernen. Sie basiert auf einer einfachen Vorgehensweise:

1 Finden Sie heraus, welche Sichtweisen, Bedürfnisse, Interessen und Erwartungen Ihr Gesprächspartner hat. Das sind die möglichen Gründe, warum er Ihnen zustimmen wird. Dazu eignen sich insbesondere die offenen Fragen (siehe Seite 35). Auch nützlich in diesem Zusammenhang: Ihre Aufzeichnungen über bisherige wichtige Gespräche mit der selben Person (siehe Seite 91).

2 Formulieren Sie die Bedürfnisse Ihres Gesprächspartners, die Ihnen in Bezug auf Ihr Anliegen am wichtigsten er-

scheinen. Er erhält dadurch mehrfach die Möglichkeit, „ja" zu sagen (oder zu denken) und Sie geben ihm das Gefühl, dass Sie ihn verstehen.

3 Formulieren Sie nun Ihren Vorschlag, beschreiben Sie seine Merkmale und Stärken.

4 Der letzte und entscheidende Schritt: Formulieren Sie den Nutzen, den Ihr Gesprächspartner hat, wenn er Ihrem Vorschlag zustimmt.

Auch bei kleineren Gelegenheiten während eines Gesprächs hilft Ihnen eine nutzenorientierte Sprache, leichter und schneller ans Ziel zu kommen. Eine hilfreiche Formulierung beginnt häufig so: „Damit ...":

- „Damit ich Ihnen eine ausführliche und gesicherte Antwort geben kann, möchte ich mich erst genauer informieren."

- „Damit Sie direkt mit dem Experten für Ihr Anliegen sprechen können, verbinde ich Sie mit Herrn Schreiber."

- „Ich empfehle, dass... Das hat für Sie den Vorteil, dass..."

- „Dieser Vorschlag hat drei entscheidende Vorteile:..."

> - *Eine klare Nutzenargumentation besitzt eine große Überzeugungskraft, weil sie unmittelbar Antwort auf eine der grundlegenden Fragen jedes Ihrer Gesprächspartner gibt: Was bringt mir das (das Gespräch, das Angebot, der Vorschlag, die Lösung...)?* -

Mehr zur Nutzenargumentation in Verkaufsgesprächen finden Sie ab Seite 95.

Zielorientiert fragen und aktiv zuhören

Meistens hat der Anrufer ein Anliegen. Oder Sie haben eines. Das Ziel vieler beruflicher Gespräche ist es also herauszufinden, was das Anliegen ist, und eine Lösung zu entwickeln, mit der im Idealfall beide Gesprächspartner einverstanden sind. Dabei sollten *Sie* das Gespräch führen. Die Techniken, mit denen dieses Ziel zu erreichen ist, sind Fragen und Zuhören.

Fragetechniken

Zur Rhetorik gehört immer der bewusste Einsatz von Techniken. So auch beim Fragen: Für verschiedene Gesprächssituationen und Ziele gibt es unterschiedliche Fragetechniken und Fragearten.

Offene Fragen

Diese Frageart wird häufig auch als W-Frage bezeichnet. Der Grund: Es wird mit Fragewörtern gearbeitet, die mit dem Buchstaben „W" beginnen. Typische Beispiele für diese Frageart: Wer? Wie? Was? Wieso? Weshalb? Warum? Offene Fragen haben entscheidende Vorteile:

- Der Fragende erhält viele Informationen.
- Diese Fragen regen den Gesprächspartner zum Sprechen an und helfen dabei, sein Anliegen und seinen Bedarf genau zu ermitteln. Es gilt: lieber zwei Fragen zu viel - als eine zu wenig.

Beispiel: Ein guter Arzt fragt

Diese Erfahrung kennen viele vom Arztbesuch: Ärzte, die sich Zeit für eine umfassende und detaillierte Untersuchung und Befragung des Patienten nehmen, haben beim Patienten - zu Recht - den besseren Ruf. Denn ohne sie ist häufig keine gute Diagnose und entsprechende Behandlung möglich. Und so ähnlich ist dies auch bei Telefonaten.

- Sie gewinnen Zeit, denn über „W-Fragen" muss Ihr Gesprächspartner wesentlich länger nachdenken - vor allem in schwierigen Situationen ein großer Vorteil. Diese Zeit können Sie nutzen:
- Notieren Sie wichtige Informationen.
- Konzentrieren Sie sich auf das aktive Zuhören.
- Formulieren Sie weitere Fragen.
- Überlegen Sie, wie eine Lösung aussehen könnte.

Alternativfragen

Durch offene Fragen wird eine detaillierte Informationsbasis geschaffen. Mit Alternativfragen lässt sich das Thema durch die Vorgabe von zwei Möglichkeiten weiter eingrenzen. Der Gesprächspartner muss sich dann nur noch zwischen diesen Varianten entscheiden. Dies bietet ideale Möglichkeiten, um das Gespräch in die gewünschte Richtung zu lenken. Hier einige Beispiele:

Beispiele: Gespräch lenken durch Alternativfragen

„Sollen wir den Drucker schicken oder möchten Sie ihn lieber abholen?"
„Möchten Sie das Gerät lieber in Schwarz oder in Silber?"
„Sollen wir diese Woche telefonieren oder nächste Woche?"
„Zahlen Sie bar oder möchten Sie den Betrag lieber überweisen?"
„Lesen Sie in Ihrer Freizeit lieber ein Buch oder sehen Sie fern?"

Hier wird der entscheidende Vorteil von Alternativfragen deutlich: Der Gesprächspartner denkt nur noch über die beiden Varianten nach. Häufig wird kritisiert, dass Alternativfragen manipulativ sind. Dieser Vorwurf ist sicherlich berechtigt. Denn die Gehirnforschung hat gezeigt, dass wirklich fast nur noch über die angebotenen Möglichkeiten nachgedacht wird. Beispiele verdeutlichen, was das bedeutet:

Beispiele: Manipulation durch Alternativfragen

„Geben Sie eigentlich 3 % Skonto oder 5 %?"
„Nehmen Sie einen Espresso oder einen Cappuccino?"
„Gehen wir zu Dir oder zu mir?"

Diese Beispiele zeigen, dass der Gesprächspartner durch die Fragen manipuliert wird, da der Fragende die grundsätzlichen Entscheidungen bereits voraussetzt und zugleich die Auswahlmöglichkeiten stark einschränkt.

Gerade bei der telefonischen Terminvereinbarung lässt sich die Erfolgsquote durch Alternativfragen deutlich steigern. Bei der Frage „Treffen wir uns um 17 Uhr oder um 18 Uhr?" hat der Gesprächspartner theoretisch zwar die Möglichkeit, beide Vorschläge abzulehnen. Die Praxis zeigt allerdings, dass die Wahrscheinlichkeit deutlich geringer ist als bei anderen Fragearten. Daher werden Alternativfragen auch häufig im Verkauf eingesetzt.

Beispiel: Umsatz durch Alternativfragen

Dieses Phänomen können Sie bei einem Besuch eines McDonald-Restaurants beobachten. Die geschulten Mitarbeiter werden Sie fragen: „Möchten Sie ein kleines oder ein großes Getränk?" Untersuchungen haben gezeigt, dass sich über 80 Prozent der Kunden für die zweite Variante entscheiden. Dies sorgt natürlich für eine Umsatzsteigerung.

An diesem Beispiel wird noch ein anderes Phänomen deutlich: Die meisten Menschen entscheiden sich bei der Alternativfrage für die letztgenannte Variante. Nennen Sie also die von Ihnen bevorzugte Variante als letztes! Probieren Sie es aus – Sie werden über den Erfolg überrascht sein.

Um die Wahrscheinlichkeit weiter zu erhöhen, dass Ihr Gesprächspartner sich für die von Ihnen favorisierte Möglichkeit entscheidet, können Sie ihm diese durch Nennen der Vorteile noch schmackhafter machen: „Sollen wir uns am Donnerstag um 15 Uhr oder lieber am Freitag um 15 Uhr treffen? Am Freitag könnten wir danach gleich ins Wochenende starten."

Diese Technik erfordert von Ihnen eine hohe Konzentration: Sie müssen nicht nur entscheiden, in welcher Situation Sie welche Fragetechnik einsetzen. Sie sollten auch so formulieren, dass die Reihenfolge der Alternativen und Varianten auf Ihre Ziele zugeschnitten ist. Beachten Sie dabei: Es hat sich bewährt, Kundenbeziehungen so zu gestalten, dass beide Seiten lange davon profitieren. Wenn Sie Ihren Gesprächspartner durch Fragetechnik zu seinem Nachteil manipulieren, wartet er nur auf die nächste Gelegenheit, um sich zu revanchieren.

▪ *Fragen sind ein starkes Instrument, um Gespräche zu führen und in eine bestimmte Richtung zu lenken. Gehen Sie daher sensibel und verantwortungsvoll mit diesen Techniken um.* ▪

Geschlossene Fragen

Geschlossene Fragen kann der Gesprächspartner nur mit „Ja" oder „Nein" beantworten. Geschlossene Fragen eignen sich vor allem für die letzte Phase eines Telefonats. Die Vorteile:

- Nach einer geschlossenen Frage muss sich Ihr Gesprächspartner entscheiden. Und zwar nicht zwischen Lösung A oder Lösung B, wie bei den Alternativfragen, sondern grundsätzlich. Daher sind sie auch ein gutes Mittel gegen Vielredner. Die Gefahr: Der Anrufer kann sich natürlich auch gegen Ihren Vorschlag entscheiden.

- Geschlossene Fragen eignen sich daher immer dann, wenn Sie das Gefühl haben, dass „um den heißen Brei" herum geredet wird. Sie bringen Klarheit und unterstützen daher eine zielorientierte Gesprächsführung. Entscheidend ist der richtige Zeitpunkt im Verlauf des Telefonats.

Geschlossene Fragen haben immer einen absoluten Charakter. Die Antworten lassen keinen Spielraum. Gesprächspartner fühlen sich häufig eingeengt, weil sie sich nicht gerne entscheiden. Geschlossene Fragen provozieren allerdings eine Entscheidung. Viele Gesprächspartner neigen daher aus einer inneren Unsicherheit heraus zu einer negativen Antwort. Dies trifft vor allem auf Kaufentscheidungen zu. Bei Alternativfragen müssen Sie sich zwar auch entscheiden, doch hier wird Ihnen durch die Formulierung geholfen.

Beispiele
„Kennen Sie die Inhalte unseres Seminars bereits?"
„Waren Sie schon auf http://www.lesetechnik.de?"

„Möchten Sie weiter mit uns zusammenarbeiten?"
„Kennen Sie das gute Gefühl, ein Buch in 30 Minuten zu lesen?"

Bei diesen Fragen besteht immer eine Chance von 50 : 50, dass der Gesprächspartner mit „Ja" oder mit „Nein" antwortet. Viele dieser Fragen lassen sich auch als Alternativ-Frage oder als W-Frage formulieren. Daher sollten Sie genau überlegen, was Sie erreichen wollen.

Beispiele: Zwei Varianten einer Kaufentscheidungsfrage
„Möchten Sie von den Vorteilen unserer Hausratversicherung profitieren?" oder „Ab wann soll Ihre Hausratversicherung Ihnen den Schutz und die Sicherheit für Sie und Ihre Familie bieten?"

Entscheidend ist immer der richtige Zeitpunkt: Stellen Sie diese Fragen immer erst dann, wenn sie mit hoher Wahrscheinlichkeit die erwünschte Antwort erhalten. Im Verkauf raten wir Ihnen eher davon ab, geschlossene Fragen zu stellen. Auch Fragen nach einer Kaufentscheidung lassen sich viel eleganter und verkaufsfördernder formulieren:

Beispiel: Verkaufsfördernd formulieren
Also statt: „Möchten Sie eine Hausratversicherung abschließen?" besser: „Möchten Sie wirklich darauf verzichten, im Falle eines Brandes oder eines Leitungswasserschadens oder eines Sturmes Ihren finanziellen Schaden ersetzt zu bekommen? Oder möchten Sie doch lieber eine Hausratversicherung abschließen?"

Suggestivfrage

Mit dieser Frageart legt man dem Gesprächspartner die gewünschte Antwort quasi in den Mund. Ein typisches Beispiel: „Herr Kramer, sind Sie nicht auch der Meinung, dass...?" Sie möchten, dass Ihr Gesprächspartner dieser Unterstellung zustimmt. Diese Frageart ist stark manipulativ. Daher raten wir Ihnen von der Verwendung in Telefonaten ab. Denn häufig wirkt diese Frageform auf den Gesprächspartner eher plump, sie vergiftet oft die Gesprächsatmosphäre. Selbst wenn Sie eine Zustimmung erhalten, ist diese in der Regel mittelfristig nicht tragfähig.

Rhetorische Frage

Dabei handelt es sich um eine Frage, auf die der Fragende keine Antwort erwartet oder auf die keine Antwort notwendig ist. Sie wird vor allem in Vorträgen eingesetzt. Sie setzt allerdings voraus, dass die Zuhörer die Fakten kennen oder die gleiche Meinung vertreten wie der Fragende. In Telefonaten hat diese Frageart nur geringe Bedeutung. Sie wird häufig als kleiner Pausenfüller oder als Mind-Opener eingesetzt. Ein Beispiel: „Haben Sie nicht auch häufig das Gefühl, zu viel Steuern zu zahlen?"

Gegenfrage

Diese Frageart bringt häufig wichtige Hintergrundinformationen und verändert die Aussage des Gesprächspartners. Ein Beispiel verdeutlicht dies: „Das ist mir zu teuer!" Auf diese Bemerkung Ihres Gesprächspartner könnten Sie mit einer typischen Gegenfrage reagieren: „Was genau meinen Sie mit zu teuer?" Der Effekt: Ihr Gesprächspartner ist gefordert und Sie kommen nicht in die typische Rechtfertigungshaltung. Ihr Gesprächspartner ist gleichzeitig gezwungen, seine Aussage zu präzisieren. Die Gegenfrage ist häufig auch ein beliebtes Mittel, um Unsicherheiten zu überspielen oder Zeit zu gewinnen.

Gegenfragen haben leider ein negatives Image. Wir haben in der Schule gelernt, dass man eine Frage nicht mit einer Gegenfrage beantwortet. Um das negative Image von Gegenfragen zu vermeiden, lässt sich die Frage mit einem Vorteil kombinieren: „Ich möchte Sie richtig verstehen und präzise antworten. Bitte erklären Sie mir, was genau für Sie ‚zu teuer' ist."

Der Effekt: Sie erhalten wertvolle Informationen darüber, was Ihr Gesprächspartner denkt, und er fühlt sich besser verstanden. So können Sie das Gespräch besser auf Ihre Ziele und die Bedürfnisse Ihres Gesprächspartners zuschneiden.

Motivierende Fragen

Sie regen den Gesprächspartner an, etwas mehr aus sich herauszugehen und sich weiter zu öffnen. Wenn sie geschickt eingesetzt werden, haben sie eine sehr positive Wirkung auf den Gesprächspartner und den Gesprächsverlauf. Ein Beispiel: „Was sagen Sie als Fachmann zu meinem Angebot?" Entscheidend für die positive Wirkung ist die Glaubwürdigkeit und eine engagierte Sprechweise. Sonst wirkt diese Frageform eher anbiedernd.

Kontrollfragen

Mit dieser Frageart überprüfen Sie den Standpunkt und die Stimmung Ihres Gesprächspartners. Sie wird häufig eingesetzt, um eine Bestätigung zu erhalten. Je nach Reaktion können Sie das Gespräch in eine bestimmte Richtung fortsetzen. Sie wissen dann, ob Sie weitere Argumente bringen müssen oder ob Ihr Gesprächspartner bereits mit Ihrem Vorschlag oder Ihrer Lösung einverstanden ist. Sie können solche Testfragen auch offen formulieren: „Wie gefällt Ihnen mein Vorschlag?"

Wir bezeichnen Kontrollfragen auch gerne als „Testballon". Häufig sind Mitarbeiter in Telefonaten nicht ganz sicher, ob der Anrufer mit der Lösung einverstanden ist. Unser Vorschlag: Starten Sie einen kleinen Testballon! Hier einige Beispiele:

- „Stimmen Sie meinen Überlegungen zu?"
- „Was halten Sie von diesem Vorschlag?"
- „Ist das etwas für Sie?"
- „Möchten Sie von diesen Vorteilen profitieren?"
- „Soll ich diesen neuen Service gleich für Sie einrichten?"
- „Ist das grundsätzlich für Sie interessant?"
- „Sollen wir das so machen?"

Die Kontrollfrage hilft Ihnen immer dann, wenn Sie unsicher sind. Es gehört sicherlich ein wenig Mut dazu, diese Frage zu stellen. Sie bringt allerdings Klarheit und führt häufig auch dazu, dass Gespräche wesentlich kürzer sind.

Fragen und ihre Wirkung

Frageart	Beispiele	Zweck
offene Fragen	Was kann ich für Sie tun? Wann kann ich Sie zurückrufen?	viele Informationen erhalten Bedarf ermitteln Zeit gewinnen
Alternativfragen	Sollen wir diese oder nächste Woche telefonieren? Zahlen Sie bar oder möchten Sie den Betrag überweisen?"	Entscheidung herbeiführen manipulativ einsetzbar
geschlossene Fragen	Ist das in Ordnung für Sie? Stimmen Sie mir zu?	Entscheidung herbeiführen Klarheit schaffen
Suggestivfragen	Sie sind doch sicher meiner Meinung, dass...?	den Zuhörer zur Zustimmung bewegen
rhetorische Fragen	Haben Sie nicht auch das Gefühl, zu viel Steuern zu bezahlen?	Pausenfüller Mind-Opener
Gegenfragen	Was meinen Sie mit...? Was genau verstehen Sie unter...?	Hintergrundinformationen herausfinden Gesprächspartner muss seine Aussage präzisieren
motivierende Fragen	Was sagen Sie als Fachmann dazu?	Gesprächspartner anregen und motivieren
Kontrollfragen	Stimmen Sie meinen Überlegungen zu? Was halten Sie von diesem Vorschlag?	Standpunkt überprüfen Bestätigung bei Unsicherheit

Aktiv zuhören

Zuhören wird von vielen unterschätzt. Sie denken, während der andere spricht, könnten sie sich zurücklehnen und ihre Gedanken „baumeln" lassen. Soll der Gesprächspartner jedoch das Gefühl von Interesse und Wertschätzung haben, ist mehr notwendig: Aktives Zuhören heißt, dem anderen ständig zu signalisieren, dass Sie zuhören. Ihr Gesprächspartner muss also zu jedem Zeitpunkt merken, dass Sie seinen Ausführungen interessiert zuhören.

Akustische Signale

In Telefongesprächen können diese Signale natürlich nur akustische sein. Diese können verschiedene Stufen der Deutlichkeit annehmen:

- Mit kurzen Wörtern wie „aha", „ja" oder „mhm" signalisieren Sie, dass Sie noch da sind und aufmerksam zuhören.
- Mit Feedback-Äußerungen wie „tatsächlich?" oder „Das ist ja interessant" bis hin zu „Ja, das kann ich gut nachvollziehen" geben Sie Ihrem Gesprächspartner das Gefühl, dass Sie auch emotional beteiligt und engagiert sind.
- Mit Verständnisbeweisen zeigen Sie ihm, dass Sie nicht nur aufmerksam zugehört haben, sondern auch noch daran interessiert sind, ihn zu verstehen. Dies können Wiederholungen oder Paraphrasierungen dessen sein, was er gesagt hat. „Sie meinen...?", „Habe ich Sie richtig verstanden, dass...?" Die letzte Stufe der Verständnisbeweise sind

ganze Zusammenfassungen des Gesprächs oder einzelner Gesprächspassagen, um zwischen Ihnen und Ihrem Gesprächspartner Konsens herzustellen.

Auch hier ist, wie bei vielen Elementen der telefonischen Kommunikation, die Dosis entscheidend: Übertreiben Sie nicht. Auch das „papageienhafte" Wiederholen von kompletten Formulierungen ist nicht sinnvoll. Hier hätte der Gesprächspartner nur das Gefühl, dass er nicht ernst genommen wird.

Positive Wirkung

Mit aktivem Zuhören motivieren Sie Ihren Gesprächspartner nicht nur zum Weiterreden, sondern geradezu dazu, „sein Herz auszuschütten". Dies ist häufig für den weiteren Gesprächsverlauf – das Herausfinden des Anliegens und die Lösung – sehr hilfreich.

Natürlich sollten Sie den richtigen Zeitpunkt finden, die Gesprächsführung zu übernehmen. Sobald ein guter Kontakt zwischen Ihnen und Ihrem Gesprächspartner besteht, können Sie beginnen, das Gespräch zu lenken. Dazu eignen sich die oben beschriebenen Fragen.

In der Praxis hat sich bewährt, nach etwa 90 Sekunden die Gesprächsführung zu übernehmen. So haben Sie genügend Zeit für die Analyse des Anliegens. Gleichzeitig führt dies zu kürzeren Telefonaten.

Sprechtechnik, Stimme und Stimmung

Die Telefonstimme

Die Stimme ist am Telefon das wichtigste Handwerkszeug. Die Kriterien, die wir Ihnen am Anfang dieses TaschenGuides vorgestellt haben, zeigen es: 87 Prozent des Gesprächserfolgs werden von der Stimme beeinflusst, nur 13 Prozent vom Fachwissen. Dennoch trainieren die meisten ihre fachliche Kompetenz - und eben nicht ihre Stimme. Schade!

Inzwischen gibt es zahlreiche wissenschaftliche Untersuchungen über die Wirkung der Stimme am Telefon: Sie sollte freundlich, kompetent, engagiert und angenehm klingen. Aus dem Zusammenspiel folgender Faktoren ergibt sich der stimmliche Gesamteindruck, der die Persönlichkeit am Telefon ausmacht:

- Klangfarbe: Eine Stimme kann eng, voll, scharf, metallisch oder weich klingen (wird auch als Timbre bezeichnet).

- Modulation: variable und abwechslungsreiche Sprechweise: laut, leise, schnell, langsam, hoch, tief

- Lautstärke

- Sprechgeschwindigkeit

- Artikulation: die akustische Gliederung (Bindung, Übergang und Trennung) von Lauten, Wörtern und Sätzen beim Sprechen

- Pausen: Häufigkeit und Länge der Pausen zwischen Sätzen, aber auch innerhalb von Sätzen, zur Gliederung des Gesprochenen

Ab Seite 116 finden Sie einige Übungen, mit denen Sie die Aspekte Ihrer Stimme verbessern können.

Die Klangfarbe: Dunkel oder hell?

Eine dunkle Stimme wirkt kompetenter als eine helle. Wichtig ist dabei allerdings, dass die dunkle Stimme mit einer angemessenen Sprechgeschwindigkeit, Artikulation und Sprachmelodie kombiniert wird. Wenn Sie mit einer dunklen Stimme sehr langsam sprechen, wirkt dies häufig monoton und gelangweilt. Wer eine dunkle Stimme besitzt, sollte daher etwas schneller sprechen.

Bei einer hellen Stimme ist es genau umgekehrt: Wird sie mit einer schnellen Sprechgeschwindigkeit kombiniert, wirkt sie eher hektisch und aufgeregt. Besonders Frauen sollten daher in einem etwas langsameren Tempo sprechen. Wichtig ist dabei, ausreichend viele und genügend lange Pausen einzusetzen.

Der Resonanzraum unserer Stimme

Der Klang der Stimme hängt entscheidend von der Resonanz ab. Am besten lässt sich dieses Phänomen an einer Gitarre erklären: Durch das Anschlagen der Saite wird der Ton erzeugt. Der angenehme und weiche Klang wird durch den Resonanzkörper der Gitarre intensiviert und verstärkt. Ähnlich ist es bei der Stimme: Im Kehlkopf wird durch das

Schwingen der Stimmbänder ein Ton erzeugt. Der Hals, der Mund, die Nase, die Nasennebenhöhlen und die Stirnhöhle dienen als Resonanzraum. Je weiter dieser Raum, umso besser und angenehmer klingt die Stimme. Mit der Gähnübung (S. 116) können Sie diesen Raum vor Beginn Ihres Telefonats erheblich erweitern.

Gute Artikulation

Eine gute und deutliche Aussprache ist eine der wesentlichen Voraussetzungen für die Verständlichkeit der Stimme am Telefon. Die Kaumuskulatur ist für eine gute Artikulation besonders wichtig. Leider wird sie nicht mehr gut trainiert, da wir häufig weiche Speisen essen und die Muskulatur kaum noch gefordert wird. Entscheidend für eine gute Artikulation sind vor allem eine gute Mundöffnung und die deutliche Bildung der einzelnen Vokale und Konsonanten.

Sprechen Sie häufiger vor einem Spiegel und kontrollieren Sie Ihre Mundöffnung. Sprechen Sie einige Sätze auf ein Diktiergerät und kontrollieren Sie, ob die Inhalte gut verständlich sind. Wenn Sie erkennen, dass Sie „nuscheln" oder undeutlich sprechen, empfehlen wir Ihnen die Korkenübung (s. S. 116)

Der Atem ist die Grundlage

Die richtige Atmung ist die wichtigste Voraussetzung für eine optimale Sprechtechnik. Nur eine richtige Atmung erzeugt eine angenehme, überzeugende und verständliche Stimme. Außerdem sorgt sie für eine entspannte Grundhaltung und die gleichmäßige Versorgung Ihres Gehirns mit Sauerstoff. Eine Übung dazu finden Sie auf S. 115.

Die richtige Sprechtechnik

Sprechtempo

Telefonpartner können Informationen am besten verarbeiten, wenn sie genügend Zeit dazu haben. Sprechen Sie daher lieber etwas langsamer und machen sie genügend Pausen. Wissenschaftliche Untersuchungen haben gezeigt, dass ein langsames Sprechtempo von Zuhörern eher mit fachlicher Kompetenz assoziiert wird als schnelles Sprechen. Variieren Sie während eines Telefonats das Tempo häufiger. Je abwechslungsreicher Sie Ihre Sprechweise gestalten, um so aufmerksamer hören Ihnen die Gesprächspartner zu.

> ▪ *Das richtige Sprechtempo hängt auch von der Höhe der Stimmlage ab: Je höher, desto langsamer; je dunkler, desto schneller.* ▪

Sprechdenken

Durch unser Gehirn können wir gleichzeitig denken und sprechen. Nur so ist es überhaupt möglich, dass wir frei reden können: Während wir sprechen, formulieren wir bereits den nächsten Gedanken. Je schneller das Sprechdenken funktioniert, um so flüssiger können wir frei sprechen. Am Telefon überfordern wir allerdings häufig unser Gehirn, indem wir

- zu schnell sprechen,
- keine Pausen machen und
- zu lange und schwierige Schachtelsätze verwenden.

Dadurch kommt es zu drei typischen Fehlern:

- Versprecher und Buchstabenverdreher: „Spaßmaßnahmen" statt „Sparmaßnahmen",
- Füllwörter wie „ehm" oder „äh",
- falsche grammatikalische Satzstrukturen, weil man am Ende des Satzes nicht mehr weiß, wie man begonnen hat.

Machen Sie es Ihrem Gehirn so einfach wie möglich:

- Sprechen Sie in angemessenem Tempo.
- Machen Sie genügend Pausen.
- Verwenden Sie einfache und kurze Sätze.
- Vermeiden Sie Fremdwörter und Fachbegriffe.

Pausen

Pausen sind ein einfaches, aber sehr wirkungsvolles Stilmittel. Nutzen Sie dies auch in Ihren Telefongesprächen. Wer Pausen macht, wirkt kompetent und gelassen. Er strahlt Ruhe und Souveränität aus. Außerdem haben Pausen für beide Seiten Vorteile:

- Der Gesprächspartner kann die gehörten Informationen verarbeiten und hat Zeit, Fragen zu stellen.

- Sie können sich auf den nächsten Gedanken vorbereiten und in Ruhe ein- und ausatmen.

Pausen sind außerdem ein gutes Mittel, um

- Spannung zu erzeugen,
- Informationen zu gliedern,
- inhaltliche Höhepunkte vorzubereiten und
- den Dialog im Gespräch zu fördern.

> - *Die Pausentechnik ist die einfachste Möglichkeit, die Telefonkompetenz zu verbessern. Denn wer den Mut hat, Pausen zu machen, wirkt auf den Gesprächspartner souverän und sicher.*

Die ideale Mischung

Einfache und kurze Sätze erleichtern das Sprechdenken. Der Mensch hat die Fähigkeit, während des Sprechens die nächsten Gedanken vorzubereiten und vorzuformulieren. Je höher das Sprechtempo, um so schwieriger ist es für das menschliche Gehirn, diese Gedanken zu produzieren. Kombinieren Sie daher eine einfache Ausdrucksweise mit einer optimalen Pausentechnik. Jede Pause gibt dem Anrufer die Möglichkeit, die Informationen zu verarbeiten und Fragen zu stellen. Und Sie haben die Möglichkeit, neue Ideen und eine Lösung für die Frage oder das Problem des Anrufers zu entwickeln.

Da der Kommunikationskanal der Körpersprache wegfällt, dürfen Sie ruhig etwas in der Modulation und in den Betonungen übertreiben. Das wirkt am Telefon nicht übertrieben, sondern engagiert, freundlich und herzlich.

Kleine Tricks mit großer Wirkung

Heben Sie Ihre Stimme am Ende eines Satzes leicht an. Das wirkt engagiert und freundlich. Diese Technik funktioniert besonders gut, wenn Sie eine positive Einstellung zum Telefonieren und zu Ihrem Gesprächspartner haben.

Auch Ihre Sitzposition beeinflusst Ihre Stimme: Sitzen Sie möglichst aufrecht und entspannt. Stehen Sie in schwierigen Situationen auf. Dies verleiht Ihrer Stimme mehr „Power" und Ausstrahlung. In einigen Unternehmen stehen die Mitarbeiter zu Beginn eines wichtigen Telefonates auf. Dies erhöht die Konzentration und führt häufig zu einer selbstbewussten Gesprächsführung.

Physikalische Besonderheiten

Am Telefon werden nur bestimmte Frequenzbereiche übertragen. Die unteren und oberen Frequenzbereiche der menschlichen Stimme werden „gekappt".

Daher sollten Sie Ihre Stimme der Technik anpassen: Sprechen Sie deutlich und eher langsam und variieren Sie das Sprechtempo und die Modulation. Eine abwechslungsreiche Stimme klingt für den Anrufer engagiert und interessiert. Eine angemessene Lautstärke schafft eine angenehme Gesprächsatmosphäre.

Wie die Stimmung die Stimme beeinflusst

Nicht von ungefähr sind sich beide Worte so ähnlich. Wir können es jeden Tag beobachten, an anderen und an uns selbst: Wer schlecht gelaunt oder erschöpft ist, dessen Stimme wirkt monoton, kraftlos oder dünn. Gute Laune, ein schönes Erlebnis oder ein gutes Gespräch hingegen lassen die Stimme in der Regel aufblühen: Sie wird voller, deutlicher und abwechslungsreicher.

Lächeln am Arbeitsplatz

Was bedeutet dies für das Verhalten am Telefon? Kaum jemand ist jeden Tag gleich gut gelaunt und energiegeladen. Der Klassiker des Telefontrainings ist hier ein einfacher, aber sicherer Trick: Lächeln Sie vor dem Abheben und während des Gesprächs, besonders in schwierigen Situationen. Das Lächeln überträgt sich positiv auf die Stimme. Zur Kontrolle können Sie ab und zu auch mit Hilfe eines Spiegels am Arbeitsplatz überprüfen, ob Sie wirklich einen positiven Gesichtsausdruck haben. Das gelingt anfangs vermutlich nicht immer - aber mit Hilfe von etwas Übung und vor allem dem positiven Feedback Ihrer Gesprächspartner wird das Lächeln bald selbstverständlich für Sie werden.

Richtig telefonieren

Sie kennen nun das rhetorische Repertoire des Telefonprofis. Setzen Sie es jetzt ein und hinterlassen Sie einen positiven Eindruck - von der Begrüßung bis zur Zusammenfassung und Verabschiedung, auch in Terminvereinbarungs- und Verkaufsgesprächen.

Die sechs Phasen eines erfolgreichen Telefonats

Im folgenden stellen wir ein Modell für den Ablauf und die Struktur eines Telefonats vor. Es hilft, Telefonate zielorientiert zu planen, durchzuführen und nachzubereiten. Unsere Erfahrungen aus Coachings und Seminaren zeigen, dass bestimmte Phasen in der Praxis häufig zu kurz kommen. Die Konsequenz: längere Gespräche, unzufriedene Gesprächspartner, Missverständnisse, unnötige Rückrufe, verlorene Verkaufschancen, höhere Kosten und im Extremfall die Beendigung der Geschäftsbeziehung.

Die sechs Phasen auf einen Blick:

1 freundlicher Gesprächseinstieg

2 professionelle Problemanalyse

3 Absicherung der Informationen

4 Lösung

5 Abschluss des Gespräches

6 individuelle Verabschiedung des Anrufers

Zu jeder Phase erhalten Sie auf den folgenden Seiten Informationen und Tipps. Gleichzeitig haben wir typische Fehler in den einzelnen Phasen zusammengestellt. Denn auch aus Fehlern lassen sich wichtige Erkenntnisse für die tägliche Arbeit ziehen.

1. Phase: freundlicher Gesprächseinstieg

„Der erste Eindruck ist entscheidend - der letzte bleibt." Die Konsequenz aus dieser Erkenntnis: Beginn und Ende eines Telefonats sind für den Erfolg des gesamten Gespräches ganz entscheidend. Gerade die ersten 20 Sekunden entscheiden häufig, ob ein Telefonat positiv verläuft oder nicht. Nach unseren Erfahrungen lässt sich ein negativer erster Eindruck des Gesprächspartners im weiteren Verlauf des Telefonats kaum noch korrigieren.

Geben Sie Ihrem Gesprächspartner genügend Zeit, seine Wünsche und Anliegen in Ruhe zu präsentieren. Hören Sie in dieser ersten Phase vorwiegend aktiv zu und notieren Sie sich wichtige Details. Schaffen Sie eine solide Basis für den weiteren Verlauf des Gesprächs. Lassen Sie sich dafür etwa 60 bis 90 Sekunden Zeit. Eine Uhr im Display des Telefons hilft Ihnen, die Gesprächsdauer realistisch einzuschätzen. Am Ende der ersten Phase übernehmen Sie die Gesprächsführung. Dies gelingt am besten durch eine offene Frage, die automatisch in die zweite Phase des Gesprächs überleitet.

Diese Elemente sind im Gesprächseinstieg besonders wichtig:

- professionelle Meldeformel
- freundliche und engagierte Stimme
- Lächeln am Telefon
- angenehme Gesprächsatmosphäre schaffen
- klären, mit wem Sie sprechen
- Vertrauen aufbauen, indem Sie Ruhe ausstrahlen

- Kompetenz durch engagierte Sprechweise erzeugen
- „warme" Stimme und angemessenes Sprechtempo
- durch Modulation Interesse dokumentieren
- Gesprächspartner aktiv einbinden
- aktiv zuhören und Notizen machen
- Anrufer mindestens einmal mit Namen ansprechen
- Gesprächspartner ernst nehmen
- Geduld: Gesprächspartner aussprechen lassen
- gleiche Gesprächsebene nutzen
- Gesprächsführung übernehmen

2. Phase: professionelle Problemanalyse

In der ersten Phase des Gespräches erhalten Sie bereits wichtige Informationen. Klären Sie weitere Details durch zielorientierte Fragen. Dies hat drei entscheidende Vorteile:

1 Sie zeigen Interesse.
2 Sie erfahren weitere wichtige Details.
3 Sie gewinnen Zeit, um eine Lösung zu entwickeln.

Eine elegante Fragetechnik hilft Ihnen dabei. Stellen Sie in der zweiten Phase vor allem offene Fragen. Der Vorteil: Sie erhalten viele Informationen und gewinnen Zeit, um über mögliche Lösungen nachzudenken.

Gleichzeitig sollten Sie auf diese Aspekte achten:

- Klären Sie genau, worum es geht.
- Nehmen Sie sich die Zeit für wichtige Details: Wann? Wo? Wer? Warum? Wie? Wie viel? Bis wann?
- Das Gespräch darf nicht zu einem Verhör werden.
- Achten Sie auf eine „elegante" Fragetechnik.
- Klären Sie die Prioritäten des Anrufers.
- Hat er bereits eine Vorstellung von der Lösung?

Nach unseren Erfahrungen gerät diese zweite Phase häufig zu kurz. Daher haben wir die Strategie entwickelt: „Lieber zwei Fragen zu viel - als eine zu wenig!" Häufig glauben wir zu früh zu wissen, worum es dem Anrufer geht, und gehen deshalb nicht in die Tiefe. Die Konsequenz: Erst im zweiten Teil des Gespräches wird deutlich, worum es dem Anrufer wirklich geht. Unnötiger Zeitverlust und eine deutliche Verschlechterung der Gesprächsatmosphäre sind die negativen und unangenehmen Folgen. Finden Sie also genau heraus, um was es dem Anrufer geht. Umso leichter wird es Ihnen dann fallen, die richtige Antwort zu geben und rasch eine gemeinsame Lösung zu finden.

- *Investieren Sie viel Zeit in diese zweite Phase des Telefonats, denn das wirkt sich positiv auf den weiteren Gesprächsverlauf aus.*

3. Phase: Absicherung der Informationen

Bevor Sie das Problem des Anrufers lösen, sollten Sie die wichtigsten Informationen absichern. In den meisten Telefonaten fehlt diese Phase: Es wird vielmehr von der Problemanalyse direkt in die Phase der lösungsorientierten Antworten gewechselt. Dies führt häufig zu Irritationen und Missverständnissen, da beide Gesprächspartner das Gefühl haben, aneinander vorbei zu reden. Dies lässt sich durch die dritte Phase verhindern: Fassen Sie daher kurz zusammen, wie Sie das Anliegen verstanden haben. Verwenden Sie dabei Formulierungen wie „Habe ich Sie richtig verstanden, dass …" oder „Es geht Ihnen also um …". Dies signalisiert dem Anrufer, dass Sie gut zugehört und das Anliegen richtig verstanden haben. Damit schaffen Sie eine solide Basis für den weiteren Gesprächsverlauf. Diese Aspekte sind in dieser Phase besonders wichtig:

- Fassen Sie das Anliegen des Anrufers kurz zusammen.
- Verwenden Sie eigene Formulierungen.
- Greifen Sie zusätzlich Kernbegriffe des Anrufers auf.
- Fragen Sie den Anrufer, ob dies so richtig ist.
- Verwenden Sie eine geschlossene Frage.
- Warten Sie, bis der Anrufer „Ja!" gesagt hat.

Erst nach dem „Ja" des Anrufers leiten Sie zur nächsten Phase über. Bei einem „Nein" müssen Sie unbedingt zurück zur zweiten Phase gehen, um das Anliegen noch detaillierter zu klären.

4. Phase: Lösung

Nachdem Sie das aktive „Ja" des Anrufers erhalten haben, können Sie in die Lösung des Anliegens einsteigen. In der Regel haben Sie drei Möglichkeiten:

1 Sie lösen das Problem sofort selbst.
2 Sie klären das Anliegen und rufen dann zurück.
3 Sie verbinden mit einem Experten.

Ideal ist sicherlich die sofortige Klärung des Anliegens. Aber auch ein Rückruf oder das Verbinden mit einem Experten ist bei schwierigen Themen möglich. Sie müssen diese Lösungen allerdings positiv verkaufen. Wenn Sie das Anliegen sofort klären, sollten Sie folgende Aspekte beachten:

- Arbeiten Sie die Fragen systematisch ab.
- Konzentrieren Sie sich auf das Wesentliche.
- Verwenden Sie kurze und einfach Sätze.
- Vermeiden Sie Fremdwörter und Fachbegriffe.
- Achten Sie darauf, dass Sie das Gespräch führen.
- Konzentrieren Sie sich auf den Nutzen der Lösung.
- Betonen Sie die Vorteile für den Anrufer.
- Vermeiden Sie typische Floskeln und Füllwörter.
- Verwenden Sie positive Formulierungen.

Es ist ganz natürlich, dass der Anrufer Fragen hat. Bleiben Sie gelassen und beantworten Sie diese. Rechtfertigen Sie sich nicht, denn Fragen signalisieren, dass sich der Anrufer mit Ihren Argumenten auseinandersetzt.

5. Phase: Abschluss des Gesprächs

Stellt der Anrufer keine weiteren Fragen, beenden Sie das Gespräch aktiv. In der Praxis beenden häufig die Anrufer das Telefonat. Die Konsequenz: Wichtige Aspekte werden nicht noch einmal zusammengefasst und das Gespräch endet nicht optimal. Daher sind Sie in dieser Phase noch einmal gefordert, aktiv die Gesprächsführung zu übernehmen.

Diese Aspekte sind besonders wichtig:

- Fassen Sie die wichtigsten Ergebnisse kurz zusammen.
- Gleichen Sie wichtige Daten ab:.
- Fragen Sie nach Anschrift, E-Mail-Adresse, Telefon- und Telefaxnummer oder der Bankverbindung.
- Erläutern Sie dem Anrufer, wie es weitergeht.
- Holen Sie aktiv die Zustimmung des Anrufers ein:

  „Sind Sie mit dieser Lösung einverstanden?"

  „Wollen wir das so machen?"

  „Ist Ihr Anliegen damit geklärt?"

  „Ist dieser Vorschlag für Sie o.k.?"

Wenn der Anrufer durch ein aktives „Ja" sein Einverständnis erklärt hat, können Sie zur sechsten Phase übergehen. Antwortet der mit einem „Nein" oder zögert er noch mit seiner Zustimmung, müssen Sie noch einmal in die vierte Phase zurück. Denn Ihre Lösung scheint dann noch nicht überzeugend gewesen zu sein.

6. Phase: individuelle Verabschiedung

„Der erste Eindruck ist entscheidend - der letzte bleibt." Nutzen Sie diese Erkenntnis und gestalten Sie das Ende des Telefonats möglichst positiv. Denn das Gefühl des Anrufers beim Auflegen des Hörers entscheidet häufig über seine Zufriedenheit.

Achten Sie vor allem auf diese Aspekte:

- Betonen Sie die positiven Aspekte des Gesprächs.
- Greifen Sie individuelle Details noch einmal auf.
- Verwenden Sie persönliche Formulierungen.
- Verzichten Sie auf typische Floskeln.
- Sprechen Sie engagiert und glaubwürdig.
- Lösen Sie ein positives „Wir-Gefühl" aus.

Die individuelle Verabschiedung gelingt in der Regel am besten, wenn Sie persönliche Details im Laufe des Gespräches notieren. Weist Sie der Anrufer etwa darauf hin, dass er in Urlaub fährt, könnten Sie das Gespräch mit dem Satz beenden: „Ich wünsche Ihnen einen schönen und erholsamen Urlaub, Herr Schmidt." Achten Sie darauf, dass Sie den Namen des Gesprächspartners noch einmal nennen. Auch dies gibt dem Gespräch eine zusätzliche persönliche Note.

Im folgenden Kapitel erfahren Sie, wie Sie dieses 6-Phasen-Modell in Ihren Telefonaten am besten umsetzen. Dazu haben wir ein kleines Programm entwickelt. Damit können Sie Ihre Gespräche Schritt für Schritt analysieren und optimieren.

Neun Schritte zum professionellen Gesprächsverhalten

1. Schritt: Gute Rahmenbedingungen schaffen

Viele Mitarbeiter greifen spontan zum Telefonhörer, um „mal eben" etwas zu erledigen. Die Konsequenz: Häufig ist ein zweites Gespräch oder ein Rückruf erforderlich, weil nicht alles besprochen oder das Gespräch gestört wurde.

Bereiten Sie sich vor

Es ist hilfreich, wichtige Telefonate gut vorzubereiten. Dies dauert oft nur einige Minuten. Diese Investition amortisiert sich aber sehr schnell, da die Gespräche zielorientierter und kürzer sind. Bevor Sie zum Telefonhörer greifen, sollten Sie

- die optimale Telefonzeit wählen,
- die Durchwahl des Anrufers herausfinden,
- wichtige Unterlagen zusammen stellen sowie einen Notizblock und einen Stift parat haben,
- das Ziel des Telefonats festlegen,
- zentrale Fragen und wichtige Argumente vorbereiten,
- bei umfangreichen und schwierigen Telefonaten vorher eine Argumentationsstrategie erarbeiten,
- mögliche Reaktionen aktiv vorbereiten und
- auf unangenehme Fragen vorbereitet sein.

Die Leitfragen bei dieser Vorbereitung sind

- Warum rufen Sie an?
- Wer ist Ihr Gesprächspartner?
- Was wissen Sie über ihn?
- Was wollen Sie erreichen?
- Welche Daten und Unterlagen sind nützlich?

Doch was tun, wenn Sie Ihren Gesprächspartner nicht erreichen? Vereinbaren Sie feste Rückrufzeiten:

- „Bitten Sie Herrn Kühn, mich zurückzurufen. Ich bin heute zwischen 15.00 und 17.00 Uhr gut zu erreichen. Meine Durchwahl ist 02 51 / 12 54 37."
- „Ist Frau Müller zu sprechen, wenn ich um 15.00 Uhr noch einmal anrufe? Halten Sie den Termin dann bitte für mich frei? Danke."
- „Sagen Sie mir bitte, wann ich Herrn Müller am besten erreichen kann. Es wäre nett, wenn Sie den Termin für mich freihalten können. Danke."

Stellen Sie Ihr Anliegen in den Vordergrund. Wenn Sie einen Rückruftermin über eine Sekretärin oder über einen anderen Mitarbeiter vereinbaren, weisen Sie darauf hin, dass die Angelegenheit wichtig ist. So erhöhen Sie die Wahrscheinlichkeit, dass der Termin auch tatsächlich eingehalten wird.

Ergänzen Sie die Terminvereinbarung durch konkrete Details und verbindliche Formulierungen:

- „Es handelt sich um das Angebot zu Ihrer Veranstaltung."

- „Frau Kuhn erwartet meinen Anruf. Es geht um unsere Besprechung in der nächsten Woche."

- „Herr Zimmer hat versucht, mich zu erreichen."

Unterschätzen Sie die Macht der Sekretärinnen im Unternehmen nicht. Machen Sie diese zu Ihren Verbündeten. Denn oft kommen Sie ohne sie nicht an den Entscheider oder die Entscheiderin heran.

Im richtigen Moment abheben

Die besten Chancen, sich gut vorzubereiten, haben Sie natürlich bei aktiven Telefonaten, bei denen Sie den Zeitpunkt selbst bestimmen können. Bei hereinkommenden Anrufen sollten Sie die Zeit, bevor Sie den Hörer abheben, nutzen, um optimale Rahmenbedingungen zu schaffen. Es hat sich bewährt, das erste Klingeln zu nutzen, um die aktuellen Tätigkeiten zu beenden. Das zweite Klingeln sollten Sie nutzen, um sich Papier und Bleistift bereitzulegen und sich mental auf das Gespräch vorzubereiten.

Dazu gehört auch das von Telefontrainern immer wieder gerne zitierte „Lächeln in der Stimme". Untersuchungen haben gezeigt, dass sich ein Lächeln positiv auf die Stimme und auf die Gesprächsatmosphäre auswirkt. Dies gilt vor allem für den Beginn und das Ende des Telefonats.

Unsere Beobachtungen zeigen immer wieder, dass Mitarbeiter häufig unkonzentriert und unvorbereitet zum Telefonhörer greifen. Dies führt dazu, dass bereits die Meldeformel routiniert und gelangweilt wirkt. Wenn Sie das zweimalige Klingeln allerdings nutzen, um sich organisatorisch und mental auf den Gesprächspartner einzustellen, ist die Wirkung äußerst positiv. Erst jetzt sollten Sie den Hörer abheben oder Ihr Headset aktivieren, um den Gesprächspartner freundlich und konzentriert zu empfangen.

Vermeiden Sie Störungen

Während eines Telefonats sollten Sie möglichst ungestört sein. Nebengeräusche, Musik, andere Gespräche, laute Kollegen oder sonstige Ablenkungen stören Ihre Konzentration. Gestalten Sie Ihren Arbeitsplatz so, dass Sie optimale Rahmenbedingungen vorfinden. Dies wird nicht immer möglich sein, da in vielen Unternehmen in Großraumbüros gearbeitet wird. Aber auch hier können Sie durch geschickte Organisation die „Störfaktoren" deutlich reduzieren. Gerade wichtige Gespräche sollten Sie so terminieren, dass Sie konzentriert und ungestört sind.

Der erste Eindruck entscheidet

Die ersten 20 Sekunden eines Telefonats entscheiden häufig über die gesamte Qualität des Gespräches: Ist der erste Eindruck des Anrufers positiv, wirkt sich dies auf das gesamte Gespräch aus. Leider gilt dies – sogar um ein Vielfaches erhöht – auch für einen ersten negativen Eindruck.

Erleben Sie diesen Effekt selbst! Nutzen Sie das Klingeln des Telefons wie oben beschrieben, um sich zu organisieren und sich mental vorzubereiten. Begrüßen Sie Ihren Gesprächspartner freundlich und engagiert. Registrieren Sie die positive Reaktion auf Ihr Verhalten und freuen Sie sich über die Reaktionen.

Sie werden erleben, dass Ihre Telefonate plötzlich leichter und schneller ablaufen, Sie Ihre Ziele einfacher und direkter erreichen und Sie außerdem positive Rückmeldungen erhalten.

2. Schritt: Professionell melden

Bestandteile der Meldeformel

Viele Unternehmen sind dazu übergegangen, eine einheitliche Meldeformel festzulegen. Dies hat viele Vorteile:

- Das „akustische Erscheinungsbild" des Unternehmens ist einheitlich. Dies sorgt für ein positives Image.
- Häufige Anrufer gewöhnen sich an die Meldeformel.
- Es gibt dem Anrufer ein positives Gefühl der Sicherheit.

Allerdings hat eine einheitliche Meldeformel auch Nachteile:

- Viele Mitarbeiter empfinden die Vorgabe negativ.
- Die Meldeformel wird ohne Engagement gesprochen.
- Individuelle Stärken der Mitarbeiter werden nicht genutzt.
- Anrufer empfinden die Meldeformel häufig als routiniert und emotionslos.

Eine Kombination ist daher optimal: Eine grundsätzliche Meldeformel, die den Mitarbeitern gleichzeitig einen gewissen Spielraum ermöglicht.

Grundsätzlich sollte eine Meldeformel folgende Elemente enthalten:

- Name des Unternehmens
- Vor- und Nachnamen des Mitarbeiters
- Individuelle Begrüßung des Anrufers

Untersuchungen zeigen, dass Anrufer die ersten Elemente der Meldeformel häufig nicht oder kaum wahrnehmen. Das Ohr braucht einen Moment, etwa ein bis zwei Silben eines Wortes, um sich an Lautstärke und Klang einer Stimme zu gewöhnen.

Daher sind viele Unternehmen dazu übergegangen, die Meldeformel mit einem „Guten Tag" einzuleiten. Wird dies vom Anrufer nicht verstanden oder nicht vollständig gehört, ist es nicht so dramatisch. Dann folgen in der Regel der Unternehmensname und der Name des Mitarbeiters.

Die Praxis zeigt, dass die Meldeformel persönlicher wirkt, wenn sich Mitarbeiter mit ihrem Vor- und Nachnamen melden. Doch hier sollte man auf Vorschriften verzichten: Gerade Mitarbeiterinnen melden sich manchmal nur ungern mit ihrem Vor- und Nachnamen. Sie empfinden die Beziehung, die dies zum Anrufer herstellt, als zu nah. Dies wirkt sich dann meist negativ auf Gesprächsatmosphäre und -führung aus. Daher sollte den Mitarbeitern die Entscheidung überlassen werden, ob sie den Vornamen verwenden.

Nicht zu schnell

Das Ganze darf natürlich auch nicht zu schnell gesprochen werden: Warten Sie nach dem Abheben des Hörers ein bis zwei Sekunden, bis Sie sich melden. Damit wird der negative Überraschungseffekt für den Anrufer vermieden.

> Lassen Sie sich beim Begrüßen Ihrer Anrufer Zeit. Es ist eine der häufigsten „Telefonsünden", dass die Meldeformel viel zu schnell gesprochen wird.

Kurz und prägnant

Vor einigen Jahren war es Mode, besonders lange und aufwändige Meldeformeln zu nutzen.

Beispiele: Lang und Aufwändig

„Guten Tag, das Stadthotel in Köln. Mein Name ist Dagmar Schneider-Ott. Was kann ich für Sie tun?"

„Die Telekom, Geschäftskundenberatung. Mein Name ist Roswitha Schlüter. Wie kann ich Ihnen helfen?"

„Einen wunderschönen guten Tag. Sie sprechen mit den Stadtwerken in Düsseldorf. Mein Name ist Günter Rode. Womit kann ich Ihnen helfen?"

„Guten Tag, die Westfälische Versicherung in Münster, Generalagentur Norbert Schenker. Mein Name ist Sandra Beckert, was kann ich für Sie tun?"

Durch regelmäßige Kundenbefragungen in verschiedenen Branchen hat man herausgefunden, dass viele Anrufer diese Meldeformeln als zu lang und floskelhaft empfinden. Daher hat sich in den letzten Jahren ein Trend zu kurzen und prägnanten Meldeformeln durchgesetzt. Auch hierzu einige typische Beispiele:

Beispiele: Kurz und prägnant

„Einen schönen guten Tag. Vodafone Kundenbetreuung. Susanne Ott."

„Guten Morgen. NEXUS 21. Peter Sturtz."

„Guten Tag. Correspondo in Wuppertal. Peter Sturtz."

„Guten Tag, Firma Backwinkel.net, Sie sprechen mit Holger Backwinkel."

▪ *Gerade wenn die Firma, bei der Sie arbeiten, genauso oder ähnlich heißt, wie sie selbst, erhöht der Zusatz „Sie sprechen mit" die Verständlichkeit deutlich.* ▪

Verzichten Sie unbedingt auf typische Floskeln. Der Anrufer darf nicht das Gefühl haben, dass er künstlich hingehalten wird. Dies gilt natürlich vor allen Dingen für kostenpflichtige Hotlines. Hier hat der Kunde sofort den berechtigten Eindruck, dass das Telefonat auf seine Kosten künstlich in die Länge gezogen wird.

Engagiert und frisch

Auch eine professionell formulierte Meldeformel kann nur den gewünschten Effekt erzielen, wenn sie engagiert gesprochen wird. Selbst eine gute und prägnante Meldeformel kann abgedroschen klingen, wenn die Stimme und die Sprechweise nicht dazu passen. Geben Sie dem Anrufer durch die Meldeformel das positive Gefühl, auf einen konzentrierten Gesprächspartner zu treffen.

Kontrollieren Sie Ihre Begrüßungsformel mit Hilfe eines Diktiergeräts. Experimentieren Sie mit Formulierungen, Sprechweise und -geschwindigkeiten, Pausen, Lautstärke und Artikulation – ruhig auch zu verschiedenen Zeiten: morgens, nach dem Mittagessen und kurz vor Feierabend. Sie werden selbst bei gleichen Worten große Unterschiede feststellen, an denen Sie arbeiten können. Ein Telefonprofi hört sich auch kurz vor Feierabend wie ein Profi an. Und auch der 18. Anrufer hat immer noch das Gefühl, der erste und einzige Gesprächspartner an diesem Tag zu sein.

3. Schritt: Aktiv zuhören

Machen Sie Notizen

Wenn Sie angerufen werden, ist es gerade am Anfang des Gesprächs entscheidend, dass Sie konzentriert zuhören. Häufig haben sich Ihre Gesprächspartner optimal vorbereitet. Daher werden sie zu Beginn des Gesprächs einen hohen Gesprächsanteil haben. In dieser Phase sollten Sie unbedingt konzentriert zuhören und Notizen machen, auf die Sie im weiteren Verlauf des Gesprächs zurückgreifen können. Wenn dabei eine Gesprächspause entsteht: Erklären Sie Ihrem Gesprächspartner, was Sie gerade tun. Da er dies nicht sieht, kommen ihm Pausen wesentlich länger vor, was unangenehm auf ihn wirken könnte.

Senden Sie akustische Signale

Das aktive Zuhören durch kleine, akustische Signale vermittelt dem Anrufer das Gefühl, dass er willkommen ist und dass seine Informationen aufgenommen werden. Viele Gespräche verlaufen negativ, weil Mitarbeiter in der zweiten Phase nach Informationen fragen müssen, die der Anrufer bereits am Anfang des Gesprächs gegeben hat. Oft gehen Informationen nur in das Kurzzeitgedächtnis, deshalb müssen Sie unbedingt notiert werden. Nur so sind sie im weiteren Verlauf des Telefonats aktiv verfügbar.

Geben Sie dem Anrufer genügend Zeit, seine Wünsche, Fragen und Informationen in Ruhe darzustellen. Dies ist eine solide Basis für das weitere Gespräch. Außerdem ist gerade diese Phase für die Entwicklung einer positiven Gesprächsatmosphäre ganz entscheidend.

Wenn Ihre Gesprächspartner häufiger fragen: „Hallo, sind Sie noch da?", ist dies ein Indiz dafür, dass Sie nicht aktiv zuhören. Verwenden Sie etwa alle zehn bis 15 Sekunden ein Element, das Ihre Konzentration akustisch verdeutlicht: Einige typische Beispiele für solche Zuhörsignale sind „ja", „mmhh", „aha" oder „Das verstehe ich gut." Auch hier kommt es, wie so häufig, auf die richtige Dosierung an: Zu viele dieser Signale bewirken eher das Gegenteil.

Achten Sie auf die Zeit

Viele Telefonanlagen bieten die Möglichkeit, im Display eine Uhr mitlaufen zu lassen. Dies ist ein wichtiges Instrument, um die Gesprächsdauer zu überprüfen. Ohne dieses Hilfsmittel haben Sie häufig keine Kontrolle darüber, wie lange das Gespräch bereits dauert. Dadurch fehlt Ihnen dann die Sicherheit, den Zeitpunkt richtig einzuschätzen, zu dem Sie aktiv die Gesprächsführung übernehmen.

Nach unseren Erfahrungen hat es sich bewährt, dem Anrufer zunächst maximal 90 Sekunden Zeit zu lassen, um seine Anliegen und Wünsche zu formulieren. Spätestens nach diesem Zeitraum sollten Sie den Gesprächspartner freundlich und bestimmt unterbrechen. Denn nur so werden Sie im zweiten Teil des Telefonats die Gesprächsführung erhalten.

Unterbrechen Sie den Anrufer auf keinen Fall zu früh. Dies löst beim Kunden eher das Gefühl von Hektik, Ungeduld und Routine aus. Diesen Hinweis sollten Sie vor allem bei Reklamationen und im Umgang mit aggressiven Anrufern beachten. Denn hier wirkt sich ein zu frühes Unterbrechen fatal aus: Häufig haben Sie im zweiten Teil kaum noch die Möglichkeit, aggressive und emotionsgeladene Anrufer zu beruhigen und das Gespräch zu einem positiven Ende zu führen.

Das aktive Zuhören bietet Ihnen einen weiteren Vorteil: Sie haben die Möglichkeit, in Ruhe über Antworten und mögliche Lösungen nachzudenken. Nutzen Sie diesen Vorteil.

4. Schritt: Fragetechnik einsetzen

„Wer fragt, der führt!" Diese Weisheit gilt nicht nur für persönliche Gespräche, sondern auch für Telefonate. Eine elegante und zielorientierte Fragetechnik ist daher eines der wichtigsten Werkzeuge der telefonischen Kommunikation.

Besonders wichtig sind folgende Fragearten:

- offene Fragen
- Alternativfragen
- geschlossene Fragen

Die drei Fragearten haben unterschiedliche Vor- und Nachteile. Entscheidend ist, die richtige Fragetechnik zum richtigen Zeitpunkt einzusetzen. Daher erläutern wir im Folgenden, wie Sie in den unterschiedlichen Phasen des Gespräches optimal mit diesen Fragearten arbeiten können.

> • *Viele Mitarbeiter führen die Problemanalyse zu oberflächlich und zu kurz durch. Dies führt häufig dazu, dass in der zweiten Hälfte des Gespräches wesentlich mehr Zeit und Energie investiert werden muss.* •

Offene Fragen

Die W-Fragen (Wer? Wie? Was? Wieso? Weshalb? Warum?) eignen sich vor allem zum Einsatz in der ersten Phase des Gesprächs. Denn

- der Fragende erhält viele Informationen und
- die Fragen regen den Gesprächspartner zum Sprechen an und helfen dabei, sein Anliegen und seinen Bedarf genau zu ermitteln. Es gilt: lieber zwei Fragen zu viel, als eine zu wenig.

Auch die W-Fragen „Wann?" und „Wie viele?" sind offene Fragen, sie haben jedoch eine andere Qualität. Der Gesprächspartner ist in seinen Antwortmöglichkeiten eingeschränkt. Er kann nur mit Daten oder Zahlenwerten antworten. Diese offenen Fragen eignen sich daher vor allem für die zweite Phase der Problemanalyse, in denen es um konkrete Details geht. Für grundlegende Informationen und eine „öffnende" Wirkung sollten Sie eher die anderen Fragewörter nutzen.

Einen kleinen Wermutstropfen gibt es allerdings: Vielredner werden durch offene Fragen animiert. Dies sorgt häufig für unnötig lange Gespräche. Daher sollten Sie hier flexibel reagieren und andere Fragearten nutzen. Dies gilt vor allem, wenn Sie das Telefonat beenden möchten. Die Frage „Was kann ich sonst noch für Sie tun?" sorgt sonst für eine zweite Gesprächsrunde, obwohl (eigentlich) alles gesagt ist.

Alternativfragen

Durch offene Fragen wurde eine detaillierte Informationsbasis geschaffen. Im mittleren und letzten Teil der Telefonate sind Alternativfragen das Mittel der Wahl.

Die Vorteile:

- Mit Alternativfragen lässt sich das Thema durch die Vorgabe von zwei Möglichkeiten weiter eingrenzen.

- Der Gesprächspartner muss sich nur zwischen diesen Varianten entscheiden. Dies bietet ideale Möglichkeiten, um das Gespräch in die gewünschte Richtung zu lenken.

- Alternativfragen kommen vor allem im Verkauf zum Einsatz, weil man den Kunden dadurch bei seiner Entscheidung am besten helfen kann - und natürlich auch beeinflussen, vor allem, wenn die gewünschte Alternative zuletzt genannt wird.

Bei der Anwendung der Alternativfragen ist jedoch Vorsicht geboten: Die Interessen des Kunden sollten trotzdem im Mittelpunkt stehen, sonst fühlt er sich rasch „über den Tisch gezogen".

Geschlossene Fragen

Geschlossene Fragen, die der Gesprächspartner nur mit „ja" oder „nein" beantworten kann, eignen sich vor allem für die letzte Phase eines Telefonats.

Ihre Vorteile:

- Nach einer geschlossenen Frage muss sich Ihr Gesprächspartner entscheiden. Die Gefahr: Der Anrufer kann sich natürlich auch gegen Ihren Vorschlag aussprechen.

- Geschlossene Fragen eignen sich daher immer dann, wenn Sie das Gefühl haben, dass „um den heißen Brei" herum geredet wird. Sie bringen Klarheit, fördern eine Entscheidung und unterstützen daher eine zielorientierte Gesprächsführung.

Entscheidend ist der richtige Zeitpunkt: Stellen Sie diese Fragen immer erst dann, wenn sie mit hoher Wahrscheinlichkeit die erwünschte Antwort erhalten. Im Verkauf raten wir Ihnen eher davon ab, geschlossene Fragen zu stellen.

Das Trichtermodell der Fragetechnik

Die folgende Grafik verdeutlicht die Verwendung der Fragearten in den unterschiedlichen Phasen des Telefonats.

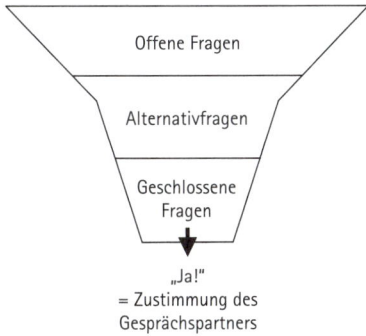

5. Schritt: Die Entscheidung „Wie geht es weiter?"

Nachdem Sie die Informationen aufgenommen haben und das Thema durch Fragetechnik analysiert und eingegrenzt haben, sollten Sie eine bewusste Entscheidung treffen: direkte Erledigung des Anliegens oder Rückruf. In vielen Fällen ist es sinnvoll, mit dem Anrufer einen Rückruf zu vereinbaren. Diese Vorgehensweise hat fünf entscheidende Vorteile:

- Sie haben mehr Zeit für die Vorbereitung des Gesprächs.
- Sie können wichtige Informationen zusammenstellen.
- Kollegen können Sie unterstützen und fachlich beraten.
- Die Gesprächsziele und eine geeignete Strategie können in Ruhe vorbereitet werden.
- Sie entscheiden über den Zeitpunkt des Rückrufs.

Unsere Erfahrungen aus dem arbeitsplatzbegleitenden Coaching zeigen immer wieder, dass der Anrufer grundsätzlich in der stärkeren Position ist. Der Grund: Er hat den Überraschungseffekt auf seiner Seite.

Nutzen Sie die Vorteile des Rückrufs

Diese Erkenntnis sollten Sie nutzen. In schwierigen Situationen oder bei festgefahrenen Gesprächen ist der Rückruf häufig eine elegante Möglichkeit, doch noch zu einer gemeinsamen Lösung zu kommen. Einzige Voraussetzung: Sie müssen dem Anrufer den Rückruf positiv verkaufen.

Hier einige Formulierungen, die Ihnen dabei helfen:

- „Vielen Dank für Ihre Informationen, Frau Schmidt. Ich kümmere mich jetzt gleich persönlich darum. Unter welcher Nummer kann ich Sie in den nächsten 30 Minuten zurückrufen?"

- „Ich möchte Ihnen gerne eine verbindliche Antwort geben, Herr Graf. Dazu suche ich mir zunächst alle Unterlagen zusammen. Wann kann ich Sie heute Nachmittag telefonisch am besten erreichen?"

- „Ich kläre das gerne, Frau Zimmer. Unter welcher Nummer kann ich Sie in einer halben Stunde zurückrufen?"

Dabei sollten Sie auf Folgendes achten:

- Fragen Sie nach der besten Zeit für den Rückruf und nennen Sie einen verbindlichen Termin. Sollten Sie die Angelenheit bis dahin nicht klären können, informieren Sie den Anrufer über den aktuellen Stand der Dinge.

- Achten Sie darauf, dass Ihre Formulierungen souverän und sicher wirken. Selbstverständlich kann Ihr Gesprächspartner dann immer noch sagen, dass er die Antwort gerne sofort hätte. Die Wahrscheinlichkeit dafür ist bei diesen Formulierungen allerdings wesentlich geringer.

- Die Praxis zeigt, dass Kunden eher bereit sind, einen Rückruf zu akzeptieren, wenn sie dies mit einem Vorteil verknüpfen. Die wichtigsten Argumente: Kostenersparnis, da für ihn keine Telefonkosten entstehen, und die Aussicht auf eine verbindliche Antwort, da Sie in Ruhe recherchiert haben.

Rückrufvereinbarungen halten

Viele Kunden und Geschäftspartner haben allerdings mit Rückrufen schlechte Erfahrungen gemacht. Leider versprechen immer noch viele Mitarbeiter etwas, was sie dann doch nicht halten. Daher neigen viele Anrufer dazu, einen Rückruf nicht zu akzeptieren. Hier müssen Sie durch positive und überzeugende Formulierungen Vertrauen und Verbindlichkeit aufbauen:

- „Sie können sich voll und ganz auf mich verlassen, Frau Zimmer!"

- „Ich gebe Ihnen auch gerne meine Durchwahl und meinen Namen, Herr Schmidt."

- „Ich garantiere Ihnen: Spätestens in 45 Minuten rufe ich Sie zurück, Herr Braun."

- „Ich rufe Sie garantiert bis 16 Uhr zurück, Frau Schmidt."

Sie werden häufig erleben, dass Kunden positiv überrascht sind, wenn Sie sich dann tatsächlich an Ihr Versprechen halten. Formulierungen wie „Sie rufen ja tatsächlich zurück!" hören wir im Coaching oft.

Lassen Sie sich beim Rückruf immer einen zeitlichen Puffer. Denn wenn Sie einen Kunden eine Viertelstunde eher als vereinbart zurückrufen, wirkt dies positiv. Eine Viertelstunde später hat allerdings schon einen negativen Beigeschmack. Sagen Sie daher lieber „Ich rufe Sie spätestens bis 16 Uhr zurück", nicht „um 16 Uhr". Sie haben dann wesentlich mehr Spielraum.

6. Schritt: Weiterverbinden

Nicht immer sind Sie der kompetente Ansprechpartner für den Anrufer. Entwickeln Sie in diesen Situationen keinen falschen Ehrgeiz: Verbinden Sie den Anrufer direkt mit dem richtigen Ansprechpartner. Auch diese Lösung müssen Sie jedoch positiv verkaufen.

Positiv formulieren

Viele Mitarbeiter machen sich am Telefon klein, indem sie negative Formulierungen verwenden.

Hier einige typische Beispiele, die Sie ab sofort vermeiden sollten:

- „Da kann ich Ihnen nicht weiterhelfen. Ich muss Sie mit einem Kollegen verbinden."

- „Dafür bin ich nicht zuständig. Ich verbinde ich Sie in die Buchhaltung."

- „Da weiß ich überhaupt nicht Bescheid. Ich frage lieber einen Kollegen."

Verwenden Sie positive Formulierungen:

- „Ich habe Ihre Frage verstanden und verbinde Sie mit unserer Expertin für dieses Thema. Das ist Frau Zimmermann. Augenblick bitte."

- „Für diese Frage ist Herr Schmidt genau der richtige Ansprechpartner. Möchten Sie die Durchwahl oder soll ich Sie direkt verbinden?"

- „Herr Kramer hilft Ihnen zu diesem Thema gerne weiter. Ich verbinde Sie gerne mit ihm."

Alternativfragen nutzen

Auch beim Weiterverbinden hilft die Fragetechnik. Geben Sie dem Anrufer die Chance, sich für den Vorschlag zu entscheiden, der ihm persönlich besser gefällt. Daher sind Alternativfragen besonders gut geeignet. Hier einige Beispiele:

- „Soll ich Sie direkt verbinden oder kann Herr Kramer Sie gleich zurückrufen?"

- „Kann ich etwas ausrichten oder versuchen Sie es später noch einmal?"

Nutzen Sie Alternativfragen, um freundlich zu wirken: „Kann ich etwas ausrichten oder möchten Sie es später noch einmal versuchen?" Sie bieten Alternativen an, aber nur solche, die für Sie selbst angenehm sind. Und es klingt trotzdem freundlich.

Den Anrufer professionell weitergeben

Viele Anrufer empfinden die Situation des Weiterverbindens als unangenehm, weil sie häufig alles noch einmal erzählen müssen. Dies können Sie verhindern, indem Sie qualifiziert weiterverbinden. Schildern Sie Ihrem Kollegen kurz und prägnant den Sachverhalt, um den es geht. Geben Sie ihm außerdem den Namen des Anrufers. Dann kann der Anrufer optimal weitergeben werden, indem der Kollege das Gespräch mit positiven Formulierungen beginnt:

- „Guten Tag, Herr Kramer. Mein Kollege hat mir bereits gesagt, um was es geht. Wie kann ich Ihnen weiterhelfen?"

- „Vielen Dank, dass Sie gewartet haben, Frau Schmidt. Mein Name ist Melanie Schäfer und ich bin Ihre Ansprechpartnerin. Was kann ich für Sie tun?"

So wirkt das Weiterbinden professionell und kundenorientiert. Die schlechten Erfahrungen vieler Kunden sind darauf zurückzuführen, dass Gespräche einfach „weggedrückt" werden. Die Konsequenz: Der Anrufer muss sein Problem zum zweiten Mal schildern und empfindet das Telefonat als unangenehm. Außerdem dauern diese Gespräche in der Regel wesentlich länger.

Für das Weiterverbinden, aber auch für andere Situationen gilt: Lassen Sie den Anrufer nie länger als 50 Sekunden in der Leitung allein. Dauert es länger, erklären Sie ihm die Situation oder bieten Sie ihm den Rückruf an.

7. Schritt: Lösungen und Vorschläge „verkaufen"

Das Ziel der meisten Gespräche ist es, das Anliegen des Anrufers im ersten Telefonat abschließend zu klären. Dazu ist es natürlich erforderlich, im ersten Teil des Gesprächs das Anliegen des Gesprächspartners durch professionelle Fragetechnik und aktives Zuhören optimal zu analysieren.

Herausfinden, was der Anrufer wirklich will

Der häufigste Fehler: Mitarbeiter glauben zu früh zu wissen, worum es dem Anrufer geht. Auch hier gilt unsere Empfehlung: Lieber zwei Fragen zu viel, als eine zu wenig stellen.

Gerade in der täglichen Routine passiert es häufig, dass Mitarbeiter schon nach wenigen Sätzen eine Idee haben, worum es gehen könnte. Doch der Teufel steckt häufig im Detail: Nehmen Sie sich daher auf jeden Fall genügend Zeit, um das Problem zu analysieren. Durch Fragetechnik lässt sich häufig auch genügend Zeit gewinnen, um Ideen oder Lösungen zu entwickeln.

Den Kunden überzeugen

Wenn Sie die Lösung gefunden haben, geht es im nächsten Schritt darum, den Kunden von dieser Idee zu überzeugen und für Ihren Vorschlag zu begeistern. Dies gelingt Ihnen am besten, wenn Sie die Vorteile und den Nutzen der Lösung in den Vordergrund stellen.

Der amerikanische Management-Trainer Dale Carnegie hat dazu einmal ein sehr schönes Motto formuliert: „Der Wurm muss dem Fisch schmecken – und nicht dem Angler!" Versetzen Sie sich in die Lage des Kunden. Dann wird es Ihnen am ehesten gelingen, den Anrufer durch Ihre Argumentation zu überzeugen.

> ▪ *Viele Unternehmen sprechen von Kundenorientierung – die wenigsten leben dieses Prinzip. Denn viele Vorschläge nutzen eher den Unternehmen – und nicht dem Kunden.* ▪

Vorschläge positiv formulieren

Nutzen Sie die Überzeugungskraft positiver Formulierungen. Verwenden Sie kurze und prägnante Sätze. Aktuelle Untersuchungen zeigen, dass diese beiden Regeln die besten Voraussetzungen bieten, um Anrufer zu überzeugen.

Hier gilt nach unseren Erfahrungen die Regel: Weniger ist häufig mehr. Mit jedem Satz, den Sie zu viel sagen, bieten Sie dem Gesprächspartner neue Angriffsfläche, um doch noch „ein Haar in der Suppe" zu finden.

8. Schritt: Das „Ja" des Gesprächspartners abholen

In der letzten Phase des Telefonats ist es ganz entscheidend, dass Sie den Anrufer nicht nur von Ihrem Vorschlag überzeugen, sondern auch sein Einverständnis gewinnen.

Gezielt fragen

Dies gelingt Ihnen am besten durch eine geschlossene Frage oder eine Alternativfrage. Hier einige Beispiele:

- „Sind Sie mit diesem Vorschlag einverstanden?"
- „Möchten Sie von diesen Vorteilen profitieren?"
- „Sind Sie damit einverstanden, dass ich Ihnen dieses Angebot zusende?"
- „Ich schlage Ihnen als Gesprächstermin den 11. März um 14.30 Uhr vor. Passt Ihnen dieser Termin?"
- „Möchten Sie das Gerät abholen oder sollen wir es an Ihre Firmenanschrift schicken?"
- „Passt es Ihnen besser am Mittwoch um 17 Uhr oder am Donnerstag um 11.30 Uhr?"

Viele Mitarbeiter mit Telefonkompetenz haben an ihrem Arbeitsplatz ein Arbeitsblatt mit ausformulierten Fragen. Denn gerade in schwierigen Gesprächssituationen oder unter Stress fällt es häufig schwer, die richtigen Fragen zu formulieren.

Der richtige Zeitpunkt entscheidet

Entscheidend ist, dass Sie diese Fragen erst dann stellen, wenn Sie mit hoher Wahrscheinlichkeit mit einer positiven Antwort rechnen können. Doch es ist auch kein Beinbruch, wenn der Gesprächspartner mit „Nein" antwortet. Hier müssen Sie allerdings in der Gesprächsführung noch einmal einige Schritte zurückgehen. Durch offene Fragen finden Sie dann sehr schnell heraus, was aus Sicht des Anrufers gegen den Vorschlag spricht. Hier einige Beispiele:

- „Was hält Sie noch ab, meinen Vorschlag zu akzeptieren, Frau Schmidt?"

- „Was müsste ich tun, damit Sie meinen Vorschlag akzeptieren, Herr Frank?"

- „Wie kann ich Sie von der Lösung überzeugen, Herr Lohe?"

Nehmen Sie die Bedenken des Anrufers ernst. Denn Sie haben nichts von einem schnellen Erfolg, der einen Tag später doch wieder rückgängig gemacht wird. Nehmen Sie sich daher genügend Zeit, um die Fragen des Anrufers zu beantworten, bis er wirklich mit dem Vorschlag einverstanden ist.

Ein „Nein" kann auch ein Indiz dafür sein, dass Sie in der Analyse des Kundenwunsches nicht professionell gearbeitet haben. Getreu dem Motto: „Der Wurm muss dem Fisch schmecken - und nicht dem Angler!"

Achten Sie auf wichtige Details

Häufig sind es auch nur noch kleine Details, die das „Ja" des Anrufers verhindern. Gehen Sie am besten in die Offensive, denn häufig gilt das Motto: „Die beste Verteidigung ist der Angriff!"

Hier einige Formulierungen:

- „Welche Fragen kann ich Ihnen noch beantworten, Herr Kramer?"

- „Sie sagten mir zu Beginn unseres Gespräches, dass Sie besonderen Wert auf ein gutes Preis-Leistungs-Verhältnis legen. Wie sehen Sie das bei unserem Angebot?"

- „Ich habe das Gefühl, dass Ihnen der Preis zu hoch ist. Kann ich Sie mit einem Rabatt überzeugen?"

- „Sie sagten, dass Sie den Drucker sehr schnell benötigen. Möchten Sie unseren 24-Stunden-Lieferservice nutzen?"

Durch diese offensive Fragetechnik finden Sie schnell heraus, was den Gesprächspartner zögern lässt. Achten Sie darauf, nicht zu viel Druck aufzubauen. Entscheidend ist neben der Formulierung vor allem die Art und Weise, wie Sie die Frage stimmlich verpacken. Achten Sie auf eine ruhige und enga-gierte Sprechweise, die nicht aggressiv wirkt.

Stimme und Pausen gezielt einsetzen

Häufig hängt der Erfolg dieser Strategie sehr stark von Ihrer Sprechtechnik ab. Der Telefonpartner darf sich nicht unter Druck gesetzt fühlen. Ihre Stimme muss weich, freundlich und lösungsorientiert klingen. Häufig hilft auch hier das viel zitierte Lächeln in Ihrer Stimme, um offensive Fragen ein wenig zu entschärfen. Machen Sie nach Ihrer Frage grundsätzlich eine Pause. Ihr Gesprächspartner benötigt häufig einige Sekunden, um die Frage zu beantworten.

Vermeiden Sie typische Fragefehler

Im arbeitsplatzbegleitenden Coaching stellen wir immer wieder drei typische Fragefehler fest:

1 Es werden mehrere Fragen gleichzeitig gestellt.

2 Die Frage wird selbst beantwortet.

3 Nach der Frage folgt keine Pause.

Die Konsequenzen liegen auf der Hand:

1 Wenn Sie mehrere Fragen gleichzeitig stellen, sucht sich Ihr Gesprächspartner die einfachste oder die „angenehmste" heraus.

2 Fragen selbst zu beantworten, hilft Ihnen garantiert nicht herauszufinden, was Ihr Gegenüber denkt, und mit welcher Lösung er einverstanden ist.

3 Wenn Sie nach der Frage direkt weiter sprechen, verhindert dies, dass Ihr Gesprächspartner in Ruhe über die Frage nachdenkt, um eine richtige Antwort zu finden.

Gerade bei sensiblen, unangenehmen oder offensiven Fragen müssen Sie daher den Mut haben, die Frage zu stellen und dann eine Pause zu machen. Nur so werden Sie erreichen, dass Ihr Kunde reagiert und Sie eine Antwort erhalten, mit der Sie im weiteren Verlauf des Gespräches arbeiten können.

9. Schritt: Das Gespräch aktiv beenden

Wir machen immer wieder die Erfahrung, dass nicht der Mitarbeiter das Gespräch beendet, sondern der Anrufer. Dies hat viele Nachteile für den Erfolg der Telefonate. Nach unseren Erfahrungen gibt es zwei entscheidende Phasen eines Telefonats: Den Anfang – und das Ende. Der erste Eindruck ist entscheidend – der letzte bleibt. Daher sollte das Ende genauso professionell gestaltet werden wie der Beginn.

Das Gespräch führen

Bei längeren Gesprächen sollten Sie am Ende unbedingt in der aktiven Führungsrolle sein.

> ▪ *Nur wenn Sie das Telefonat führen, haben Sie die Möglichkeit, das Gespräch aktiv und in Ihrem Sinne zu beenden.* ▪

Wichtiges zusammenfassen

Gerade bei längeren Telefonaten ist es sinnvoll, das Gesprächsergebnis noch einmal kurz und prägnant zusammenzufassen. Dadurch werden Missverständnisse vermieden und die Ergebnisse wesentlich verbindlicher.

Für positive Wirkung sorgen

Außerdem haben Sie am Ende eines Telefonats noch einmal die Möglichkeit, etwas für die Beziehungs- und Gefühlsebene zu tun. Viele Anrufer entscheiden sich erst nach dem Auflegen, ob das Gespräch für sie positiv oder negativ war. Daher sollten Sie alles tun, um den letzten Eindruck genau so positiv zu gestalten wie den ersten:

- Sprechen Sie den Gesprächspartner noch einmal mit seinem Namen an.
- Fassen Sie das Gesprächsergebnis kurz und prägnant zusammen.
- Holen Sie das „Ja" des Gesprächspartners ab.
- Klären Sie, ob es weitere Fragen gibt: „Kann ich sonst noch etwas für Sie tun, Frau Schmidt?"
- Verabschieden Sie den Gesprächspartner individuell. Verzichten Sie auf typische Floskeln.
- Nutzen Sie individuelle und persönliche Anteile aus dem Gespräch, um das Telefonat abzurunden.

Das Gespräch analysieren

Nach dem Gespräch sollten Sie eine kurze Selbstanalyse durchführen. Diese Nachbereitung hilft Ihnen, Ihre individuellen Stärken bewusst zu erkennen. Das hilft Ihnen, in schwierigen Gesprächssituationen souveräner zu agieren.

- *Die Gesprächsanalyse hilft Ihnen zu erkennen, welche Elemente Ihres Telefonverhaltens Sie noch verbessern können.*

Stellen Sie sich folgende Fragen:

- Was ist gut gelaufen?
- Welche Elemente nach dem 6-Phasen-Modell haben besonders gut funktioniert?
- Habe ich die Fragetechnik professionell eingesetzt?
- Waren meine Vorschläge und Lösungen kundenorientiert?
- Habe ich das Gesprächsergebnis zusammengefasst?
- Wie war die Gesprächsatmosphäre?
- Habe ich den Gesprächspartner mindestens dreimal mit seinem richtigen Namen angesprochen?
- War der Anrufer mit dem Vorschlag einverstanden?
- Wie war die Verabschiedung?
- Was würde ich anders machen, wenn ich das Gespräch noch einmal führen könnte?
- Welche meiner rhetorischen Stärken habe ich genutzt?
- Welche Kompetenzen muss ich trainieren und ausbauen?

Kunden- und Geschäftspartnerdatei

Zur Nachbereitung gehört eine detaillierte Dokumentation der Gesprächsergebnisse. Notieren Sie in einer Kunden- und Geschäftspartnerdatei Vereinbarungen sowie gegebenenfalls den Rückruftermin mit Uhrzeit und Rufnummer. So müssen Sie in Zukunft nicht erst nach der Nummer suchen. Sammeln Sie auch Informationen darüber, wann Ihre Gesprächspartner am besten zu erreichen sind. Das erhöht die Wahrscheinlichkeit, sie direkt zu erreichen, und spart Zeit und Geld.

Sammeln Sie möglichst viele Informationen über Ihre Gesprächspartner: neben den Daten und Fakten auch „private Dinge", auf die Sie bei späteren Telefonaten in der Small-Talk-Phase zurückgreifen können. Dadurch geben Sie Ihren Kunden das Gefühl, persönlich betreut zu werden.

Telefonnotizen effizient gestalten

Wichtige Gesprächsergebnisse sollten Sie schriftlich festhalten. Häufig können Sie dies im Kundensystem erledigen. Ansonsten empfehlen wir Telefonnotizen mit diesen Details:

- Datum und Uhrzeit des Gesprächs
- Name des Gesprächspartners
- Firma, Abteilung und Anschrift (Telefon- und Faxnummer, E-Mail-Adresse)
- Gesprächsthema
- Ergebnis und Vereinbarungen

Auf Seite 123 finden Sie ein Beispiel für eine Telefonnotiz.

Termine vereinbaren

Eine der häufigsten Situationen am Telefon und im professionellen Verkauf und in der Beratung: Sie müssen einen Termin mit einem potenziellen Kunden vereinbaren. Für eine erfolgreiche Terminvereinbarung am Telefon ist ein detaillierter Gesprächsleitfaden unverzichtbar. Dies gilt vor allem für den Einstieg in das Gespräch.

In Beratungs- und Verkaufsgesprächen

Wenn es um Termine zur Kundenbindung und -gewinnung geht: Trainieren Sie zunächst in Ihrem Bestand. Hier besteht bereits ein Vertrauensverhältnis zwischen Ihnen und Ihren Kunden. Daher fällt es in der Regel leichter, zu einem Termin für ein Beratungs- oder Verkaufsgespräch zu kommen.

In der Versicherungsbranche haben wir gute Erfahrungen damit gemacht, branchenfremde Telefonkräfte mit der Terminvereinbarung zu beauftragen. Denn Fachwissen ist häufig im Weg, da der Kunde dann in eine Diskussion über das Produkt einsteigt. Die Telefonkraft kann hier anders reagieren: „Das besprechen Sie am besten direkt mit Herrn Kramer. Passt es Ihnen besser am Mittwoch um 16 Uhr oder am Donnerstag um 18.30 Uhr?". Der Agenturinhaber kann nicht so reagieren, weil von ihm das Fachwissen erwartet wird.

Es gibt kein Patentrezept für die erfolgreiche telefonische Terminvereinbarung. Es gilt das Motto: „Versuch macht klug!" Probieren Sie verschiedene Strategien aus und lernen Sie aus Erfolgen - und vor allem aus Misserfolgen: Wenn etwas nicht funktioniert, versuchen Sie etwas anderes!

Leitfaden zur Terminvereinbarung

- Sagen Sie direkt zu Beginn des Gespräches, wer Sie sind und warum Sie anrufen.
- Sprechen Sie selbstbewusst und formulieren Sie positiv.
- Sie müssen von Ihrem Angebot absolut überzeugt sein.

- Formulieren Sie möglichst schnell einen glaubwürdigen Nutzen für Ihren Gesprächspartner.

- Machen Sie neugierig - ohne zu viel zu verraten.

- Argumentieren Sie aus Sicht des Kunden.

- Stellen Sie den Gesprächspartner in den Mittelpunkt - argumentativ und sprachlich.

- Sprechen Sie den Gesprächspartner mit Namen an.

- Testen Sie die Bereitschaft für einen Termin durch eine Akzeptanzfrage: „Ist das grundsätzlich interessant für Sie?"

- Lassen Sie sich Zeit und geben Sie nicht zu früh auf.

- Hören Sie genau zu und achten Sie auf die Stimmung.

- Gehen Sie auf den Gesprächspartner ein und widersprechen Sie ihm nicht. Durch ein Streitgespräch kommen Sie auf keinen Fall zu einem Termin.

- Steuern Sie das Gespräch durch elegante Fragetechnik und behalten Sie Ihr Ziel im Auge.

- Wiederholen Sie einen vereinbarten Termin noch einmal kurz und beenden Sie dann das Gespräch.

- Wenn Sie keine Chance mehr sehen, einen Termin zu vereinbaren, beenden Sie das Gespräch. So können beide Seiten ihr Gesicht wahren.

- Telefonisch vereinbarte Termine werden durch eine kurze schriftliche Bestätigung verbindlicher (auch per Mail).

Verkaufen am Telefon

Erfolgreiche Verkaufsgespräche am Telefon sind sicherlich die hohe Kunst der Gesprächsführung. Viele Produkte lassen sich aber auch ohne ein persönliches Gespräch verkaufen. Direktversicherungen belegen dies seit Jahren: Hier werden auch Geldanlagen und hochwertige Versicherungen über das Telefon verkauft.

Die Voraussetzungen müssen stimmen

Entscheidend ist die Auswahl der richtigen Kunden und eine solide Vertrauensbasis. Im Prinzip gelten die gleichen „Spielregeln" wie im persönlichen Verkaufsgespräch. Die Kunst besteht darin, Kaufbereitschaft und -signale des Kunden zu erkennen. Im persönlichen Gespräch ist dies durch die Beobachtung der Körpersprache wesentlich einfacher. Am Telefon muss der Verkäufer ein feines Gespür für diese Signale entwickeln, um schnell und sicher zu reagieren.

5 wichtige Techniken für den Verkauf am Telefon

Um beim Telefonverkauf erfolgreich zu sein, müssen Sie Ihr Handwerkszeug perfekt beherrschen. Daher haben wir fünf wichtige Techniken erfolgreicher Verkäufer zusammengefasst.

1 **Lassen Sie Ihren Kunden entscheiden.**
Kunden fühlen sich leicht bevormundet. Gehen Sie daher in Ihrer Gesprächsstrategie flexibel vor. Machen Sie zwei

Vorschläge – und lassen Sie Ihren Gesprächspartner entscheiden. Die Alternativfrage ist dabei von unschätzbarem Wert: „Herr Kunert, möchten Sie den Drucker lieber abholen oder sollen wir ihn liefern?"

2 **Fassen Sie wichtige Aspekte und Ergebnisse zusammen.**
Im Verkauf gilt häufig das Motto „Mühsam ernährt sich das Eichhörnchen." Daher gehen erfolgreiche Verkäufer systematisch Schritt für Schritt vor und sichern bereits erzielte Übereinkünfte ab. Dies gelingt vor allem durch kurze und prägnante Zusammenfassungen. „Frau Zimmermann, ich fasse noch einmal zusammen: Sie benötigen auf jeden Fall einen Kopierer mit Einzelblatteinzug und Sorter. Sie sind zur Zeit jedoch noch unsicher, ob Sie das Gerät kaufen oder leasen möchten. Ist das richtig?"

3 **Bestätigen Sie den Kunden.**
Im Verkauf werden diese Sequenzen „Schmeichel- und Streicheleinheiten" genannt. Es geht darum, den Kunden in seiner Einstellung und Einschätzung zu bestätigen. Entscheidend für den Erfolg dieser Technik ist – wie so oft – die richtige Dosierung. Ein Beispiel: „Ich sehe das genau so wie Sie, Herr Gärtner. Ein zuverlässiger Service ist ein ganz entscheidender Faktor bei der Auswahl des Gerätes. Daher gewähren wir auf unsere Produkte drei Jahre Garantie und einen kostenlosen 24-Stunden-Austausch-Service. Mit uns sind Sie also auf der sicheren Seite!"

4 **Reden ist Silber – Schweigen ist Gold**
Schlechte Berater reden zu viel – und zu lange. Doch ein Monolog führt selten zum Erfolg. Nicht umsonst lautet das

Motto von Top-Verkäufern: „Ich habe nur einen Mund, aber zwei Ohren!" Hören Sie aktiv zu. Nutzen Sie diese Phasen, um weitere Argumente zu entwickeln und Kaufsignale des Kunden bewusst wahrzunehmen. Auch nach einer Frage müssen Sie unbedingt schweigen, sonst bekommen Sie keine Antwort, die Sie für den Abschluss nutzen können.

5 „Den Sack zumachen"

„Gute Beratung ohne Verkauf ist unterlassene Hilfeleistung." Lassen Sie den Kunden daher nicht „unversorgt" allein. Er wird sonst ein begehrtes Opfer des Mitbewerbers. Denn nach Ihren detaillierten Informationen weiß er ja ganz genau, was er (eigentlich) benötigt. Trainieren Sie Ihre Fähigkeit, Kaufsignale – auch die zwischen den Zeilen – sicher zu erkennen. Schalten Sie dann sofort von Beratung auf Verkauf um. Denn wenn Sie den Sack nicht zu machen, springt der Kunde wieder heraus. Und Sie beenden das Gespräch, ohne die Früchte Ihrer Arbeit zu ernten.

So vermitteln Sie den Kundennutzen

Niemand kauft ein Produkt oder eine Dienstleistung, sondern immer den Nutzen und die Vorteile, die er durch das Angebot hat. Es gibt fünf Hauptmotive, die Menschen oder Firmen veranlassen, Produkte oder Dienstleistungen zu kaufen:

Die P-F-A-K-S Formel

- **P**rofit
- **F**reude
- **A**nsehen
- **K**omfort
- **S**icherheit

Sie können den Kundennutzen nur vermitteln, wenn Sie sich über den Nutzen und die Vorteile Ihres Produkts selbst im klaren sind. Dazu sollten Sie als Vorbereitung auf Telefonverkaufsgespräche folgende Fragen möglichst detailliert schriftlich beantworten:

1 Wie macht der Kunde durch den Einsatz meines Produkts oder die Inanspruchnahme meiner Dienstleistung mehr Profit oder mehr Gewinn? Wie spart mein Kunde Geld durch mein Produkt oder meine Dienstleistung? Wie nutzt mein Kunde vorhandene Investitionen besser durch mein Produkt oder meine Dienstleistung?

2 Wie erlebt mein Kunde durch den Einsatz meines Produkts oder die Inanspruchnahme meiner Dienstleistung mehr Freude oder mehr Spaß?

3 Wie kommt mein Kunde durch den Einsatz meines Produkts oder die Inanspruchnahme meiner Dienstleistung zu mehr Ansehen bei sich selbst, seinen Kollegen oder Vorgesetzten, in seiner Familie oder bei seinen Freunden?

4 Wie erlebt mein Kunde durch den Einsatz meines Produkts oder die Inanspruchnahme meiner Dienstleistung mehr Komfort?

5 Wie macht mein Produkt oder meine Dienstleistung die Situation meines Kunden oder dessen Firma sicherer oder erhöht das Sicherheitsgefühl?

Die schriftliche Beantwortung dieser Fragen gibt Ihnen einerseits die ideale Grundlage, um am Telefon überzeugend den Nutzen zu vermitteln. Durch kunden- und nutzenorientierte Formulierungen erreichen Sie in wesentlich kürzerer Zeit eine bessere Wirkung bei Ihren Gesprächspartnern. Andererseits bietet Ihnen die Beantwortung dieser Fragen die Basis für eine professionelle Einwandbehandlung.

Auf Vor- und Einwände reagieren

In Telefonaten zum aktiven Verkauf wird man mit typischen und Einwänden, Notlügen und Ausreden konfrontiert. Wir unterscheiden zwischen Vor- und Einwänden.

▪ Ein Vorwand wird immer als kleine Notlüge verwendet. Damit will Ihr Gesprächspartner Sie möglichst schnell wieder „los werden", ohne Ihnen weh zu tun. Reagieren Sie nicht darauf. Sie verschwenden Ihre Energie, denn das wird in der Regel zu einem „Kampf gegen Windmühlen".

- Einwände sind echte Argumente, die Sie bearbeiten müssen, um Ihren Gesprächspartner von einer Lösung oder einem Produkt zu überzeugen. Besonders wichtig: Streiten Sie nie mit dem Kunden. Dieser Konfrontationskurs bringt Sie nicht weiter. Stellen Sie besser lösungsorientierte Fragen (siehe die Übersicht über Einwände und passende Entgegnungen auf der nächsten Seite).

Sie können leicht klären, ob es sich um einen Vorwand oder um einen Einwand handelt. Fragen Sie einfach: „Gibt es sonst noch etwas, das gegen das Angebot spricht?" Verneint der Gesprächspartner diese Frage, können Sie mit der Einwandbehandlung beginnen. Nennt er ein weiteres Argument, ist dies der tatsächliche Grund, den Sie bearbeiten müssen.

Auch die professionelle Einwandbehandlung hat viel mit Erfahrung und Sicherheit in der Gesprächsführung zu tun. Hier gilt die alte Sportlerweisheit: Übung macht den Meister. Nach unseren Erfahrungen scheitert die telefonische Terminvereinbarung und der Telefonverkauf am häufigsten an der (negativen) mentalen Einstellung der Anrufer.

- *Wer selbst nicht an den Erfolg glaubt, wird andere nicht überzeugen.* -

Keine Zeit	„Wann passt es Ihnen besser? Wann kann ich Sie später noch einmal anrufen? Welchen Terminvorschlag haben Sie für ein Gespräch?"
Kein Geld	„Genau aus diesem Grund sollten wir uns unterhalten. Denn [Ihr Produkt oder Ihre Dienstleistung] hilft Ihnen, Geld zu sparen."
Geld bereits verplant	„Dann ist es ja gut, dass wir jetzt telefonieren. Wenn Sie erfahren, dass es Möglichkeiten gibt, wie [Nutzen und Vorteile des Kunden aufzählen], hat das ja sicher Auswirkungen auf Ihre Planung." Wenn Ihr Gesprächspartner jetzt mit „nein" antwortet, nutzen Sie die Formulierungen unter „kein Interesse".
Kein Interesse	Stellen Sie eine Gegenfrage und wiederholen Sie dabei den Nutzen und die Vorteile für den Kunden: „Sie haben kein Interesse daran, dass Sie und Ihre Firma Geld sparen und Ihr Tagesgeschäft einfacher und bequemer wird?" Diese Frage kann der Gesprächspartner nur mit „Doch, natürlich", beantworten, und jetzt wissen Sie, dass die Aussage „kein Interesse" nur ein Vorwand war. Als nächstes fragen Sie: „Was ist es dann, das Sie im Moment davon abhält, sich hier und heute für [Ihr Produkt oder Ihre Dienstleistung] zu entscheiden?" Beantwortet Ihr Gesprächspartner die Frage: „Sie haben kein Interesse daran, dass Sie und Ihre Firma Geld sparen und Ihr Tagesgeschäft einfacher und bequemer wird?" mit „Ja, das stimmt", fragen Sie: „Sind Sie wirklich bei der Firma XY für den Bereich [Ihr Produkt betreffend] verantwortlich?"

Bereits vertraglich gebunden	„Natürlich, viele unserer heutigen Kunden waren in der gleichen Situation wie Sie. Wie lange sind Sie noch vertraglich gebunden, um danach von [Vorteile und Nutzen ihres Produktes oder Ihrer Dienstleistung aufzählen] zu profitieren?"
„Worum geht es denn überhaupt genau?"	Erläutern Sie kurz die Vorteile Ihres Produkts oder Ihrer Dienstleistung für den Kunden. Stellen Sie auf keinen Fall weitere Details am Telefon dar, wenn Sie einen Termin für ein persönliches Beratungsgespräch vereinbaren möchten.
„Ich komme dann mal bei Ihnen vorbei."	„Damit Sie nicht warten müssen, möchte ich Ihnen gerne einen Termin reservieren. Wann passt es Ihnen besser [Alternativen anbieten]?"
„Ich melde mich bei Ihnen."	„Sagen Sie mir bitte, wann Sie sich wieder melden, damit ich den Vorgang auf Wiedervorlage legen kann!"
„Schicken Sie mir erst einmal Unterlagen zu."	„Sie wissen, Prospekte haben nur allgemeinen Charakter. Sie profitieren am meisten, wenn wir die Dinge individuell an Ihrem Bedarf orientiert besprechen. Wann passt es Ihnen besser [Alternativen anbieten]?"
„Das muss ich mir noch überlegen."	„Was hindert Sie daran, jetzt und hier eine Entscheidung zu treffen?"
„Das muss ich noch mit XY abstimmen."	„Welche Punkte müssen Sie noch mit XY abstimmen? Bis wann können Sie das erledigen?"
„Wir haben ein besseres Angebot vorliegen."	„In welchen Punkten genau ist das Angebot besser?"

Heikle Situationen souverän meistern

Manchmal haben Sie es mit Gesprächspartnern zu tun, die unsachlich argumentieren, stark emotional reagieren oder Sie persönlich angreifen. Wie können Sie sich wehren und trotzdem gelassen bleiben? Wie können Sie die Führung des Gesprächs behalten oder übernehmen?

Mit Beschwerden und aggressiven Anrufern umgehen

Wohl eine der schwierigsten Situationen überhaupt: Der Gesprächspartner beschwert sich. Er ist verärgert und sogar aggressiv. Was tun? Wie ruhig bleiben? Besonders am Telefon ist dies nicht leicht, da die Mittel der nonverbalen Kommunikation wegfallen. Wo normalerweise Blickkontakt, Mimik und Gestik auf den aggressiven Gesprächspartner wirken können, zählt alleine das, was gesagt wird und wie es gesagt wird. Es gibt jedoch einige einfache Techniken und Tricks, die es ermöglichen, auch in solchen Situationen ein Telefongespräch souverän zu führen.

Beschwerden als Chance

Die wenigsten beschweren sich, wenn etwas nicht gut gelaufen ist. Trotzdem erzählen sie dies natürlich in ihrem Freundes- und Bekanntenkreis. Am gefährlichsten sind also Kunden, die nicht reklamieren. Denn sie agieren als negative Multiplikatoren, ohne dass Sie aktiv etwas dagegen tun können. Das Gleiche gilt natürlich für Kollegen oder Vorgesetzte.

> ▪ *Jede Beschwerde bietet Ihnen die Chance, den negativen Eindruck des Gesprächspartners zu korrigieren. Nutzen Sie diese Chance!* ▪

Hören Sie zu und fragen Sie nach

Die wichtigste Regel beim Umgang mit Beschwerden lautet: Hören Sie in Ruhe zu! Lassen Sie den Gesprächspartner so lange wie möglich ausreden und zeigen Sie Verständnis für seine Situation:

- Benutzen Sie Formulierungen wie: „Ich verstehe Sie." oder „Ich kann Ihren Ärger nachvollziehen!". Entscheidend ist Ihre Stimme, die engagiert und moderat sein sollte, denn sonst wirken diese Formulierungen unglaubwürdig und aufgesetzt.

- Fragen Sie nach, wenn sie etwas nicht verstanden haben. Klären Sie pauschale Aussagen wie: „Das war schlecht." Fragen Sie „Womit waren Sie unzufrieden?", „Was genau ist passiert?" Hören Sie so lange zu, bis der Anrufer seinem Ärger komplett „Luft gemacht" hat.

- Rechtfertigen Sie sich nicht, sondern hören Sie nur zu. Meistens sind Sie ja nicht persönlich gemeint! Nehmen Sie Anteil und drücken Sie Betroffenheit aus. Fragen Sie den Anrufer, ob es sonst noch etwas gibt, was zu seiner Verärgerung beiträgt.

- Sagen Sie mindestens zwei Sätze, die Ihr Verständnis und Ihre Anteilnahme an der Situation des Anrufers ausdrücken. Verzichten Sie auf typische Floskeln.

Beispiel: Anteilnahme ohne Floskeln

Ein Kunde, dessen Handykarte nach 2 Tagen immer noch nicht freigeschaltet ist, ruft an: „Mein Handy funktioniert immer noch nicht, was fällt Ihnen eigentlich ein, ich bin auf das Gerät angewiesen, ich warte schon seit zwei Tagen!"

Schlechte Antwort: „Das kann eigentlich nicht sein, vielleicht haben Sie nicht alle Unterlagen eingereicht, geben Sie mir doch erstmal Ihre Handynummer!" Kunde (rastet aus): „Die Nummer habe ich ja noch nicht…!"
Gute Antwort: „Ich kann Sie gut verstehen. Es ist wirklich eine sehr unangenehme Situation, wenn das neue Handy nach zwei Tagen immer noch nicht funktioniert. Damit ich möglichst schnell dafür sorgen kann, dass Ihre Karte sofort freigeschaltet wird, benötige ich Ihre Handynummer. Sie finden die Nummer auf Ihrem Antrag ganz oben rechts."

Geben Sie Fehler zu

Hier gilt die Regel: Wer einen Fehler gemacht hat, soll ihn zugeben. Auch wenn die Panne einem Kollegen oder einer anderen Abteilung passiert ist. Folgende Verhaltensweisen haben sich hier als hilfreich erwiesen:

- Verwenden Sie Formulierungen wie „Da haben Sie Recht." oder „Das ist wirklich falsch gelaufen."

- Rechtfertigen Sie Fehler nicht - das kommt meistens als Ausrede an. Schieben Sie nie die Schuld auf den Anrufer. Ein ohnehin schon aufgebrachter Gesprächspartner würde spätestens jetzt erst so richtig „sauer" werden. Zwar können Sie unter Umständen ein Wortgefecht gewinnen. Wenn Sie dies mit einem Kunden machen, hätten Sie aber diesen Gesprächspartner mit Sicherheit als Kunden verloren.

- Gehen Sie lieber in die Offensive und entschuldigen Sie sich. Damit nehmen Sie dem Anrufer häufig den Wind aus den Segeln und schaffen die Basis für eine lösungsorientierte Argumentation.

- Beherzigen Sie den Satz „Tote Elefanten soll man schwimmen lassen!" Schauen Sie nach der Entschuldigung nach vorn. An dem Missverständnis oder dem Fehler können Sie jetzt nichts mehr ändern. Dem Anrufer hilft jetzt nur noch eine andere Lösung oder eine Wiedergutmachung.

Mit Aggressionen umgehen

Häufig werden Anrufer, die aus irgendeinem Grund bereits ärgerlich sind, durch unprofessionelles Verhalten am Telefon erst so richtig „auf die Palme" gebracht. Sie werden zwei- bis dreimal weiter verbunden und im schlimmsten Fall versucht ein Mitarbeiter, dem Anrufer die Schuld für das Problem „in die Schuhe zu schieben".

> ▪ *Wenn die Stimmung so angeheizt ist, dass die Techniken Zuhören, Verständnis zeigen, Fehler zugeben und Lösung suchen nicht mehr greifen, kann man zu folgendem „Notprogramm" übergehen.* ▪

Rückruf anbieten

- Aggressive Anrufer stehen häufig unter Stress. Bieten Sie in dieser Situation einen Rückruf an. Nach einer halben Stunde haben sich die Gesprächspartner in der Regel wieder beruhigt und Sie haben meistens eine deutlich bessere Gesprächsbasis.

- Beim Rückruf sind Sie in der aktiven Rolle. Gleichzeitig haben Sie den „Überraschungseffekt" auf Ihrer Seite, der den Angerufenen häufig positiv stimmt.

Wechsel des Gesprächspartners

Falls dies aus inhaltlicher Sicht möglich ist: Bieten Sie offensiv an, den Anrufer mit einem Kollegen zu verbinden. Häufig genügt dieser Wechsel, um festgefahrenen Gesprächen neuen Schwung zu geben. Oft ist die Chemie durch einen neuen Gesprächspartner sofort besser. Nutzen Sie diese Chance und entwickeln Sie keinen falschen Ehrgeiz.

Meinungsverschiedenheiten klären

Eine andere häufige Situation, die besondere Ansprüche stellt: Das Gespräch ist festgefahren. Man ringt um eine Lösung. Keiner der beiden Gesprächspartner ist bereit, auf den anderen zuzugehen, beispielsweise bei Preis-, Termin- oder Vertragsverhandlungen. Was können Sie hier tun?

Fragen stellen und argumentieren

Auch hier ist das Ihnen schon bekannte Mittel, Fragen zu stellen, gut geeignet. Denn oft reden die Gesprächsteilnehmer aneinander vorbei.

Offensiv nachfragen

Argumentieren Sie nicht ins Leere. Fragen Sie den verärgerten Anrufer doch direkt, wie eine Lösung für ihn aussehen könnte. Häufig erhalten Sie so schon vertretbare Lösungen, die Sie leicht realisieren können. Auf jeden Fall erhalten Sie die Richtung, in die es aus Sicht des anderen gehen sollte.

Durch diese Gesprächsstrategie vermitteln Sie dem Anrufer das Gefühl, sein Anliegen ernst zu nehmen und seine Interessen zu berücksichtigen.

Bauen Sie in Ihre Formulierung den Nutzen und die Vorteile Ihres Produktes, Ihrer Firma, Ihrer Dienstleistung oder Ihres Lösungsvorschlags für den Gesprächspartner ein: „Es tut mir leid, dass das so gelaufen ist. Was können wir dafür tun, dass Sie weiterhin mit uns zufrieden sind und Sie doch noch von [Vorteile und Nutzen für den Kunden] profitieren?"

Der Gesprächsteilnehmer fordert zu viel

Manchmal werden Sie mit überzogenen Forderungen konfrontiert. Um hier zu einer Lösung zu kommen, schlagen wir folgenden Gesprächsablauf vor:

1 Zeigen Sie auch in diesen Fällen Verständnis für den Wunsch des Anrufers: „Ich verstehe Sie. [Lösungsvorschlag des Anrufers wiederholen] für [Grund der Reklamationen wiederholen] ist eine gute Idee."

2 Fragen Sie danach den Gesprächspartner, warum er gerade diese Lösung bevorzugt.

3 Argumentieren sie dann sachlich, warum diese Lösung nicht möglich ist. Beziehen sie sich dabei auf Notwendigkeiten oder allgemeine Grundsätze. Bleiben Sie in jedem Fall ruhig und gelassen.

4 Bitten Sie den Anrufer um Verständnis und werben Sie für die sachliche Richtigkeit. Vermeiden Sie das Wort „leider",

denn in der Regel wirkt es unglaubwürdig. Außerdem reduziert es das Gewicht Ihrer sachlichen Argumentation.

5 Fragen Sie den Anrufer dann nach einer fairen, für beide Seiten akzeptablen Lösung.

Beispiel: Argumente für eine andere Lösung

„Ich verstehe Sie. Sie erwarten 80 Prozent Preisnachlass wegen einer verspäteten Lieferung. Unsere Geschäftsbedingungen sehen Preisnachlässe in dieser Größenordnung für verspätete Lieferungen allerdings nicht vor. Wenn wir so am Markt agieren würden, gäbe es unsere Firma nicht mehr lange, und Sie könnten von unserem Service nicht mehr profitieren. Gibt es noch eine andere, für beide Seiten akzeptable Möglichkeit, Sie zufrieden zu stellen?"

6 Wenn der Anrufer jetzt eine weitere Möglichkeit vorschlägt, hören Sie aufmerksam zu und greifen Sie die akzeptablen Details des Vorschlags auf. Kombinieren Sie diese mit eigenen Vorschlägen. Argumentieren Sie aus Sicht des Gesprächspartners und stellen Sie seinen Nutzen in den Vordergrund.

Beispiel: Nutzen des Gesprächspartners

„Diese Lösung hat für Sie den Vorteil, dass Sie die Ware behalten können und zusätzlich noch einen Preisvorteil erhalten."

7 Fassen Sie dann die Lösung zusammen. Bedanken Sie sich beim Gesprächspartner und vermitteln Sie das positive Gefühl einer gemeinsamen Lösung:

Beispiel: Gemeinsame Lösung vermitteln

„Wir erstatten Ihnen also 10 Prozent des Kaufpreises. Vielen Dank, dass Sie sich bei uns gemeldet haben und uns weiterhin Ihr Vertrauen schenken. Wir werden auch in Zukunft alles tun, um Ihre Wünsche zu erfüllen."

Gespräche mit Vielrednern beenden

Sicherlich kennen Sie die Situation: Ihr Gesprächspartner lässt einen regelrechten Redeschwall los, sodass Sie überhaupt keine Chance haben, zu Wort zu kommen. Oder Sie haben in einem Gespräch aus Ihrer Sicht alles geklärt und der andere redet und redet... Oder er hält einen Monolog und kommt einfach nicht auf den Punkt. Hierbei kann Folgendes helfen:

- Geben Sie klare Signale.
- Fassen Sie die wichtigsten Ergebnisse zusammen.
- Verdeutlichen Sie stimmlich das Ende des Gesprächs.
- Verabschieden Sie Ihren Gesprächspartner individuell.
- Vermeiden Sie Fragen wie „Kann ich sonst noch etwas für Sie tun?" Vielredner empfinden dies als Einladung zum Weiterreden.
- Senden Sie klare Ich-Botschaften: „Ich habe das Gefühl, wir drehen uns im Kreis. Ich kläre das und rufe Sie dann zurück. Wann kann ich Sie am besten erreichen?"

Geschickt unterbrechen

Grundsätzlich gilt es als unhöflich, jemanden zu unterbrechen. Sprechen Sie deshalb Ihren Gesprächspartner mit seinem Namen an. Manchmal müssen Sie dies mehrfach tun, bevor der Gesprächspartner reagiert und kurz inne hält. Tarnen Sie dann Ihr Unterbrechen und nutzen Sie das Innehalten für eine Verständnisfrage.

„Sie meinen also [Hauptpunkt wiederholen] ..." Durch diese Technik ist das Unterbrechen zu entschuldigen, denn Sie bemühen sich ja nur darum, Ihren Gesprächspartner besser zu verstehen. Wichtig ist auch, jetzt keine allzu große Pause mehr zu machen, sonst nutzt Ihr Gesprächspartner diese für den Einstieg zum nächsten Monolog. Warten Sie also nach Ihrer „Verständnisfrage" nicht auf eine Antwort, sondern fahren Sie direkt mit Ihren Informationen fort: „Meine Ansicht zu der Sache ist ..."

• *Wenn Ihre Versuche, den Gesprächspartner durch Ansprache mit seinem Namen zu unterbrechen, mehrfach misslingen, gehen Sie zur nächsten Stufe über.*

Gar nichts sagen

In dieser Phase dürfen Sie keinen Laut von sich geben. Es dürfen auch keine Hintergrundgeräusche zu hören sein. Nach etwa 20 bis 40 Sekunden wird ihr Gesprächspartner fragen: „Hallo, sind Sie noch dran?" Auch jetzt müssen Sie schnell sein: „Ja, ich bin noch daran. Ich habe Ihnen aufmerksam zugehört. Ich schlage Ihnen vor ..."

Eine gute Möglichkeit, weitere Monologe des Gesprächspartners zu verhindern, sind geschlossene Fragen. Der Gesprächspartner kann nur mit „ja" oder „nein" antworten. Daher ist die Gefahr sehr gering, dass Sie einen weiteren Redeschwall auslösen. Wenn Sie offene Fragen stellen müssen, verwenden Sie am besten Fragewörter, die dem Vielredner wenig Spielraum geben, wie „Wann?" und „Wie viele?"

Zusammenfassen

Ein anderer Typ von Vielrednern lässt sich zwar unterbrechen, hört Ihnen zu und geht sogar auf Ihre Argumente ein. Aber immer, wenn Sie denken: „Jetzt ist das Gespräch zu Ende.", bringt er einen neuen Aspekt oder ein neues Thema. Auch hier können Sie in mehreren Schritten vorgehen: Sprechen Sie Ihren Gesprächspartner mit seinem Namen an und fassen Sie die Ergebnisse des Gesprächs kurz und prägnant zusammen. Sagen Sie, was Sie tun werden, was vereinbart wurde und was Sie vom Gesprächspartner erwarten. Wechseln Sie anschließend unbedingt in die Vergangenheitsform: „Gut, dass wir das geklärt haben.", „Gut, dass wir den Aspekt erledigt haben." Sollte der Gesprächspartner diese Einladung zur Gesprächsbeendigung nicht verstehen oder nicht verstehen wollen, gehen Sie zur nächsten Stufe über.

Das Ende ankündigen

Zum Beispiel: „Herr Kramer, direkt im Anschluss an unser Gespräch werde ich Ihnen eine Kopie Ihres Vertrags zusenden." Dies macht deutlich, dass Sie erst handeln können, wenn das Gespräch beendet ist. Dadurch liegt das rasche Ende des Gesprächs im Interesse des Anrufers. Bei einem hartnäckigen Fall von Vielredner, der jetzt immer noch nicht aufgibt, gibt es folgende, sehr wirksame Notlösung:

Beispiel: Zeitdruck

„Herr Zimmermann, ich habe jetzt noch drei Minuten Zeit. Direkt im Anschluss an unser Gespräch werde ich Ihnen die Kopien zusenden. Das schaffe ich noch, bevor die Post heute rausgeht. Danach kann ich mich erst wieder am Montag darum kümmern.

Übungen

Entspannungsübung

Ziel: Entspannung, Dauer: zwei bis drei Minuten

1 Setzen Sie sich auf einen Stuhl, und zwar möglichst weit an die vordere Kante. Stellen Sie die Beine schulterbreit auseinander. Neigen Sie Ihren Kopf und Ihren Oberkörper leicht nach vorn. Stützen Sie sich mit den Unterarmen auf den Oberschenkeln ab. Lassen Sie Ihre Hände locker hängen, ohne dass sie sich berühren. Ihr Kopf hängt während der gesamten Übung leicht nach unten, ohne dass die Nackenmuskulatur angespannt wird.

2 Schließen Sie Ihre Augen, genießen Sie die Ruhe und atmen Sie ruhig und regelmäßig ein und aus. Bereiten Sie sich jetzt mental auf Ihr Gespräch vor. Gehen Sie den Beginn Ihres Telefonats noch einmal durch.

3 Stehen Sie dann langsam auf, ballen Sie Ihre Hände einige Male kräftig zur Faust und entspannen Sie sie dann wieder.

Dieser Wechsel von Entspannung und Anspannung führt zu einer intensiven Erholung. Auch in Stress-Situationen können Sie sich so innerhalb weniger Minuten beruhigen.

Atemübung

Ziel: bewusste Atmung und Entspannung, Dauer: fünf Minuten

1 Stellen Sie sich gerade hin. Die Füße stehen etwa 10 bis 15 Zentimeter auseinander. Finden Sie Ihre körperliche Mitte und richten Sie den Körper soweit wie möglich auf. Achten Sie dabei vor allem auf eine Streckung des Oberkörpers, damit die Brust- und Bauchmuskulatur für die Atmung genutzt wird, und darauf, dass Ihr Bauch nicht durch enge Kleidung oder einen Gürtel behindert wird.

2 Atmen Sie durch die Nase ein. Dadurch wird die Luft gesäubert, angefeuchtet und leicht angewärmt. Stellen Sie sich bei der Einatmung vor, Sie riechen an einer gut duftenden Blume oder einem Parfüm. Dies führt zu einer intensiveren und bewussten Atmung.

3 Machen Sie eine kurze Pause, bevor Sie ausatmen. Dabei geht es nicht darum, die Luft gepresst zurückzuhalten. Atmen Sie jetzt durch den Mund aus, am besten hörbar auf den Laut „f". Die Luft sollte ruhig und regelmäßig fließen. Verzichten Sie auf zusätzlichen Druck oder intensives Pressen. Machen Sie eine kurze Pause und warten Sie auf den nächsten Atemimpuls. Diese Dreiteilung - einatmen, ausatmen, warten - des Atemvorgangs ist besonders wichtig, um tief und entspannt zu atmen.

4 Dann legen Sie Ihre Hände auf den Bauch. Versuchen Sie jetzt bewusst, in den Bauch zu atmen. Die Bauchatmung führt zu einer tieferen Einatmung und Entspannung.

Gähnübung

Ziel: Verbesserung des Klangs der Stimme mit Hilfe der Weitung des Rachenraumes; Entspannung der an der Stimmbildung beteiligten Muskeln, Dauer: zwei Minuten

1 Legen Sie die Lippen locker aufeinander. Der Kiefer ist leicht geöffnet. Die Zunge liegt flach auf dem Mundboden. Atmen Sie tief durch die Nase ein.

2 Gehen Sie dabei fließend in ein wohliges Gähnen über, ohne den Mund zu öffnen. Je extremer Sie gähnen und dabei die Gesichtsmuskulatur nach unten ziehen, um so größer ist der positive Effekt: Durch ein Muskelparallelogramm wird der Kehlkopf nach unten gezogen, so dass der Resonanzraum oberhalb der Stimmbänder deutlich vergrößert wird.

3 Kontrollieren Sie die Durchführung der Übung am Anfang vor einem Spiegel. Entscheidend ist, dass Ihr Mund während der gesamten Übung geschlossen bleibt.

Korkenübung

Ziel: Verbesserung der Artikulation und Mundöffnung, Dauer: zwei Minuten

1 Nehmen Sie einen Wein- oder Sektkorken zwischen Ihre Zähne.

2 Lesen Sie dann einen Text möglichst laut und deutlich. Da Sie gegen einen Widerstand sprechen müssen, wird Ihre Kaumuskulatur aktiv trainiert.

Schnellsprechübung

Ziel: Artikulation trainieren, Dauer: fünf Minuten

Sprechen Sie folgende Sätze oder Verse mehrmals schnell hintereinander:

Auf dem Türmchen steht ein Würmchen
mit dem Schirmchen unterm Ärmchen.
Kommt ein Stürmchen, bläst er das Würmchen
mit dem Schirmchen unterm Ärmchen
von dem Türmchen.

Blaukraut bleibt Blaukraut
und Brautkleid bleibt Brautkleid.

Es saßen zwei zischende Schlangen
zwischen zwei spitzen Steinen
und zischten sich zuweilen zischend an.

Es klapperte die Klapperschlange
bis ihre Klappern schlapper klangen.

Fischers Fritze fischte frische Fische,
frische Fische fischte Fischers Fritze.

Wer nichts weiß und weiß, dass er nichts weiß,
weiß viel mehr als der, der nichts weiß,
und nicht weiß, dass er nichts weiß.

Die Katze tritt die Treppe krumm,
die Treppe tritt die Katze krumm.

Leseübung

Ziel: Sprechtechnik trainieren, Dauer: zehn Minuten

1 Nehmen Sie einen kurzen Zeitungsartikel. Lesen Sie ihn zunächst einmal komplett durch.

2 Bereiten Sie dann den Text wie ein Nachrichtensprecher vor: Markieren Sie mit einem farbigen Stift Sinnabschnitte, unterstreichen Sie Kernbegriffe und zentrale Aussagen. Auch Satzeichen kennzeichnen Pausen und Sinnabschnitte. Kennzeichnen Sie auch die Stellen, an denen Sie durch eine Veränderung des Sprechtempos und der Lautstärke besonders wichtige Informationen akustisch hervorheben möchten.

3 Lesen Sie den Text dann laut vor. Kontrollieren Sie Ihre Sprechweise mit Hilfe eine Tonband- oder Diktiergerätes.

Zungenübung

Ziel: Verbesserung der Artikulation; Dauer: fünf Minuten

1 Öffnen Sie den Mund, und strecken Sie langsam die Zunge so weit wie möglich heraus. Ziehen Sie sie dann in den Mund zurück. Wiederholen Sie diese Übung zehn Mal.

2 Stoßen Sie dann die Zunge plötzlich heraus, und ziehen Sie sie dann ebenso plötzlich wieder in den Mund zurück. Wiederholen Sie diese Übung ebenfalls zehn Mal.

3 Öffnen Sie den Mund, und fahren Sie dann mit der Zunge so schnell wie möglich am Rand Ihrer Lippen entlang: Zunächst zehn Mal nach rechts, dann zehn Mal nach links.

Dann im intensiven Wechsel: einmal links herum, dann rechts herum.

Üben Sie zunächst vor dem Spiegel, damit sie den Erfolg kontrollieren können.

Betonungsübung

Ziel: Verbesserung der Betonung, Dauer: zwei Minuten

Sprechen Sie folgenden Satz mehrmals, indem Sie nacheinander jedes einzelne Wort betonen:

Da liegt ein dickes Buch auf dem Tisch!
Da *liegt* ein dickes Buch auf dem Tisch!
Da liegt *ein* dickes Buch auf dem Tisch!
Da liegt ein *dickes* Buch auf dem Tisch!
Da liegt ein dickes *Buch* auf dem Tisch!
Da liegt ein dickes Buch *auf* dem Tisch!
Da liegt ein dickes Buch auf *dem* Tisch!
Da liegt ein dickes Buch auf dem *Tisch*!

Sie können den Effekt dieser Übung noch verbessern, indem Sie Ihre Aussage durch Körpersprache unterstreichen.

.

Checklisten

Checkliste: Erfolgreiche Telefonate

- Denken Sie immer daran, dass Sie die Visitenkarte Ihres Unternehmens sind.

- Sorgen Sie dafür, dass jeder hereinkommende Anruf schnell entgegengenommen und bearbeitet wird.

- Verzichten Sie auf spontane und unvorbereitete Anrufe.

- Beachten Sie die Telefonzeiten, zu denen Sie Ihre Gesprächspartner mit hoher Wahrscheinlichkeit erreichen.

- Sprechen Sie Ihren Gesprächpartner in einem Gespräch mindestens drei Mal mit seinem Namen an.

- Bereiten Sie schwierige und wichtige Gespräche vor.

- Wichtige Unterlagen erleichtern Ihnen aktive Telefonate.

- Verwenden Sie höfliche und kundenorientierte Formulierungen. Die Wörter „danke" und „bitte" werden immer noch zu selten verwendet!

- Sprechen Sie nicht zu laut und nicht zu schnell.

- Konzentrieren Sie sich auf das Telefonat. Lassen Sie sich nicht durch ungünstige Rahmenbedingungen ablenken.

- Fallen Sie dem Gesprächspartner nicht ins Wort.

- Bereiten Sie Telefonate sorgfältig nach.

- Halten Sie Vereinbarungen unbedingt ein.

- Dokumentieren Sie die Gesprächsergebnisse schriftlich.

Checkliste: Vorbereitung eines Telefongesprächs

Nehmen Sie sich Zeit, aktive Gespräche in Ruhe vorzubereiten. Diese Fragen helfen Ihnen dabei:

- Was wissen Sie bereits über Ihren Gesprächspartner?
- Um welches Thema geht es?
- Was möchten Sie mit dem Telefonat erreichen?
- Welche Unterlagen benötigen Sie, um das Gespräch souverän und zielorientiert zu führen?
- Sind die technischen und organisatorischen Details optimal vorbereitet?
- Wie beginnen Sie das Gespräch?
- Was werden Sie tun, um eine angenehme und konstruktive Gesprächsatmosphäre zu schaffen?
- Welche Fragen stellen Sie?
- Welche Argumente haben Sie, um den Gesprächspartner von Ihrem Standpunkt oder Ihrer Lösung zu überzeugen?
- Mit welchen Fragen und Einwänden rechnen Sie?
- Wie können Sie diese aktiv ansprechen und bearbeiten?
- Gibt es eine Lösung, die für beide Seiten akzeptabel ist?
- Welche Ihrer Stärken werden Sie besonders intensiv einsetzen?
- Ist Ihre mentale Haltung positiv und haben Sie Ihre Stimme durch ein „Lächeln" optimal eingestellt?

Checkliste: Nachbereitung eines Telefongesprächs

Diese Fragen helfen Ihnen dabei:

- Was hat besonders gut geklappt?

- Was würden Sie anders machen, wenn Sie das Telefonat noch einmal führen könnten?

- Haben Sie den Gesprächspartner mehrfach mit seinem richtigen Namen angesprochen?

- Haben Sie aktiv zugehört und die Vorteile der Fragetechnik genutzt, um das Anliegen und den Bedarf Ihres Gesprächspartners detailliert zu klären?

- Sind Sie mit der Lösung zufrieden?

- War Ihre Argumentation und Rhetorik überzeugend?

- Haben Sie am Ende des Gespräches eine klare Vereinbarung getroffen und die wichtigsten Ergebnisse noch einmal zusammengefasst?

- Müssen Sie zusätzlich Informationsmaterial, ein Angebot oder eine schriftliche Bestätigung der wichtigsten Gesprächsergebnisse versenden?

- Ist nach einigen Tagen ein Rückruf sinnvoll, um weitere Details oder die Zufriedenheit zu erfragen?

- Welche Informationen über den Kunden oder den Sachverhalt müssen Sie in der Datenbank dokumentieren, damit sie in Zukunft von anderen Mitarbeitern genutzt werden können?

Vorlage: Telefonnotiz

Datum des Gespräches: _____Uhrzeit: _____
Gesprächspartner: _____
Firma: _____
Telefon: _____ Telefax: _____
E-Mail: _____
Thema: _____

Die wichtigsten Inhalte und Ergebnisse des Gesprächs:
_____
_____
_____

Bereits veranlasst:
_____
_____
_____

Muss noch erledigt werden:
_____
_____
_____

Unterschrift: _____
Erledigungsvermerk:
_____
_____

Übersicht: Zu diesen Zeiten erreichen Sie Ihre Gesprächspartner

Es gibt bestimmte Uhrzeiten, zu denen Sie Ihre Kunden und Geschäftspartner besonders gut erreichen. Gleichzeitig werden diese Zeiten von Ihren Gesprächspartnern akzeptiert.

Privatkunden

montags bis donnerstags	16:30 – 18:30 Uhr
freitags	14:30 – 18:30 Uhr
samstags	09:00 – 12:00 Uhr

Ältere Kunden erreichen Sie auch vormittags.

Geschäftskunden

Funktion

Kaufmännischer Bereich:	06:00 – 09:00 und 16:00 – 19:00 Uhr
Marketing und Vertrieb	08:00 – 13:00 Uhr

Hierarchie

1. Ebene	07:00 – 09:00 und 19:00 – 21:00 Uhr
2. Ebene	09:00 – 20:00 Uhr

Branche

Handwerk	06:00 – 09:00 und 17:00 – 21:00 Uhr
Großhandel	07:00 – 18:00 Uhr
Einzelhandel	09:00 – 20:00 Uhr
Industrie	09:00 – 17:00 Uhr
Freiberufler	10:00 – 13:00 und 16:00 – 18:00 Uhr

Internationales Buchstabieralphabet

	National	International
A	Anton	Alpha
Ä	Ärger	-
B	Berta	Bravo
C	Cäsar	Charlie
Ch	Christine	-
D	Dora	Delta
E	Emil	Echo
F	Friedrich	Foxtrot
G	Gustav	Golf
H	Heinrich	Hotel
I	Ida	India
J	Julius	Juliet
K	Konrad	Kilo
L	Ludwig	Lima
M	Martha	Mike
N	Nordpol	November
O	Otto	Oscar
Ö	Österreich	-
P	Paula	Papa
Q	ku	Quebec
Qu	Quelle	-
R	Richard	Romeo
S	Siegfried	Sierra
ß	scharfes s	-
Sch	Schule	-
T	Theodor	Tango
U	Ulrich	Uniform
Ü	Übel	-
V	Viktor	Victor
W	Wilhelm	Whiskey
X	Xanthippe/Xaver	X-Ray
Y	Ypsilon	Yankee
Z	Zeppelin/Zürich	Zulu

Stichwortverzeichnis

Sie möchten professionell telefonieren?

Wir, Holger Backwinkel und Peter Sturtz,
bieten Ihnen ein

Training
„Professionell telefonieren"

und 20 Euro Ermäßigung
auf den regulären Preis!

Sie interessieren sich dafür?
Unter www.professionell-telefonieren.de/
erfahren Sie mehr darüber und
können sich anmelden.

Und vergessen Sie nicht,
uns eine Kopie dieser Seite zu faxen!

Fax 02 02 / 7 24 00 33

TaschenGuides – Qualität entscheidet

Bereits erschienen: